魔法物理学

揭 开 身 边 的 科 学 奥 秘

郑文静 著

U0253514

甘肃少年儿童出版社

图书在版编目（CIP）数据

魔法物理学 / 郑文静著. -- 兰州：甘肃少年儿童
出版社，2015.11（2021.6重印）
（科学24科普文丛）
ISBN 978-7-5422-3678-4

Ⅰ.①魔… Ⅱ.①郑… Ⅲ.①物理学—少儿读物
Ⅳ.①04-49

中国版本图书馆 CIP 数据核字(2015)第 244256 号

魔 法 物 理 学

郑文静 著

项目策划：	王光辉　朱满良
项目执行：	朱富明　段山英
责任编辑：	杨　昀
装帧设计：	钱　黎
漫画插画：	陈健翔
书稿统筹：	一路春心蹉跎
出版发行：	甘肃少年儿童出版社
	（兰州市读者大道568号）
印　　刷：	三河市南阳印刷有限公司
开　　本：	880毫米×1360毫米　1/32
印　　张：	4.5
字　　数：	144千
版　　次：	2016年5月第1版　　2021年6月第4次印刷
书　　号：	ISBN 978-7-5422-3678-4
定　　价：	28.00元

如发现印装质量问题，影响阅读，请与出版社联系调换。
联系电话：0931-8773267

目　录

一、魔法物理学导论 / 001

魔法物理学，是研究《哈利波特》里面的魔法，还是研究神奇魔术的物理学呢？不，我们要说的，远比这些更神奇。魔法物理学，就是比你知道的和能够想象的所有魔法……

二、测量星球 / 005

现在，我们掌握着各种测量遥远天体的技术，但是在没有任何高科技的古代，要如何丈量一颗星球，比如我们地球的大小呢……

三、隐形的手 / 017

如何发现一颗看不见的星星呢？在撒哈拉沙漠中仰望家园的小王子就遇到了这个问题……

四、能量小偷 / 033

有了力，有了运动，就有了能量。即使在不了解力的本质的情况下，我们仍然可以利用能量来做各种各样的事情……

五、光的魔咒 / 043

星光、日光、闪电，还有萤火虫发出的光……大自然中这些看得见摸不着的光线到底是什么……

六、时空旅行 / 069

本书是一本严肃的讨论"魔法"物理学的著作，绝不收录那些不是真正魔法的物理学理论。可是，刚才我们居然提到了"穿越"这个词？那不是在穿着清朝服装的电视剧里才会出现……

七、量子游戏 / 091

科学家研究很快的物体，发现了时空的奥秘。科学家们研究很小的物体，又会发现什么呢？答案更加令人震惊！还是让我们从一个非常出名的思维实验说起……

八、宇宙之路 / 125

在见识了时空错乱、因果颠倒等各种黑暗魔法之后，我们再来看看整个魔法森林的全貌。究竟是一个什么样的世界，会用貌似正常的运行规律……

一、魔法物理学导论

　　魔法物理学，是研究《哈利波特》里面的魔法，还是研究神奇魔术的物理学呢？不，我们要说的，远比这些更神奇。魔法物理学，就是比你知道的和能够想象的所有魔法、魔术都更加不可思议的事——物理学本身。

在大多数人的印象中，物理学可能是这样的：

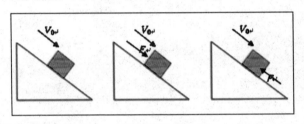

斜面受力图

也可能是这样的：

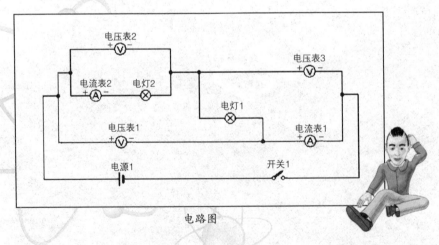

电路图

如果你到了大学还需要学习物理，那么将来，物理学对你来说可能是这样的：

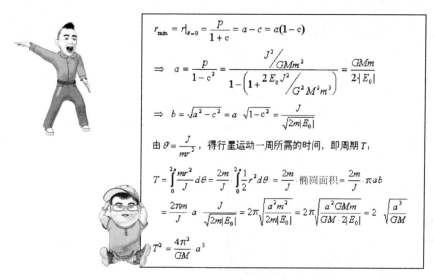

$$r_{\min} = r|_{\theta=0} = \frac{p}{1+e} = a - c = a(1-e)$$

$$\Rightarrow \quad a = \frac{p}{1-e^2} = \frac{J^2/GMm^2}{1-\left(1 + 2E_0 J^2/G^2 M^2 m^3\right)} = \frac{GMm}{2|E_0|}$$

$$\Rightarrow \quad b = \sqrt{a^2 - c^2} = a\sqrt{1-e^2} = \frac{J}{\sqrt{2m|E_0|}}$$

由 $\theta = \dfrac{J}{mr^2}$，得行星运动一周所需的时间，即周期 T：

$$T = \int_0^{2\pi} \frac{mr^2}{J} d\theta = \frac{2m}{J} \int_0^{2\pi} \frac{1}{2} r^2 d\theta = \frac{2m}{J} \text{椭圆面积} = \frac{2m}{J} \cdot \pi ab$$

$$= \frac{2\pi m}{J} a \cdot \frac{J}{\sqrt{2m|E_0|}} = 2\pi \sqrt{\frac{a^2 m^2}{2m|E_0|}} = 2\pi \sqrt{\frac{a^2 GMm}{GM \cdot 2|E_0|}} = 2\sqrt{\frac{a^3}{GM}}$$

$$T^2 = \frac{4\pi^2}{GM} a^3$$

　　也许你还不知道物理是什么，或是看了上面的图，已经完全不想知道物理是什么了，甚至正在打算放下手中这本书。

　　先别急着放弃，否则你将错过一个巨大的魔法世界。物理到底是怎样的一门学科呢，这些奇奇怪怪的天书一样的图形和符号就是物理吗？它真的有课本上这么枯燥吗？我们先来看看物理学的定义是什么。

魔法物理学

小贴士

物理学的定义：

　　物理学是研究物质运动一般规律和物质基本结构的学科。作为自然科学的带头学科，物理学研究大至宇宙，小至基本粒子等一切物质最基本的运动形式和规律，因此成为其他各自然科学的研究基础。

　　好像还是很枯燥无趣啊？我们把物理学的定义分解一下，看看这段话到底在说什么。

　　●物理学研究的对象：物质运动的规律和物质的基本结构；

　　●物理学研究的范围：大至宇宙，小至基本粒子等一切物质；

　　●物理学学科的地位：其他各自然科学的研究基础。

　　那么，物理学和魔法究竟有什么关系呢？

　　一开始，物理学确实只是在研究物质的运动和结构，随着研究的深入，物理学渐渐发现了一件超出所有人想象的事情。那就是：我们所在的现实世界远比任何魔法世界更奇特、更不可思议。没错，就是现在、你身边触手可及的这个世界。而物理学，就是进入和认识这个魔法世界的必备宝典。物理学揭示了看得见和看不见的世界，并且，通过物理，我们还将发现更多……

星空

二、测量星球

现在，我们掌握着各种测量遥远天体的技术，但是在没有任何高科技的古代，要如何丈量一颗星球，比如我们地球的大小呢？完成这件事的古代人，可不是会魔法的女巫，而是老老实实研究物体的物理学家。

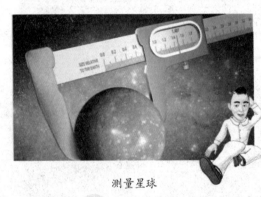

测量星球

故事从一个一丁点儿大的星球开始。

从前，有一个小王子，他住在一个很小的星球上，那个星球就和一间房子差不多大。

有一天，一颗玫瑰花的种子飘落到这个星球上，开出了娇艳的花朵。

小王子从来没有见过这么美丽的花，对她视若珍宝，每天给她浇水，为她除虫，对她说话。

小王子还有三座高度只到他膝盖的火山，其中一座是死火山，被他当成了自己的椅子。

在他的星球上，每天可以看见43次日落。

只要动一动椅子，就可以看到一次日落。

于是，在他忧伤的时候，也就有了寄托。

在1942年写成，后来风靡全世界的童话《小王子》里面，法国作家安东尼·德·圣·埃克苏佩里向我们讲述了一个小王子和他的小星球的故事。

在这个小星球上，小王子几乎不需要探索，就可以知道所有的事情。小到在星球上的玫瑰花有几个花瓣，大到整个星球的形状。当然，在这么小的世界里，玫瑰花的样子和星球的形状这两件事情，也谈不上哪一个比较大哪一个比较小了。如果有一天，小王子想要知道星球到底有多大，也很容易，他只需要从椅子上站起来，拿上一根软尺，绕着星球走一圈就可以了。

后来，小王子离开了自己的星球，去拜访了 6 个邻近的小星球。每个星球都有一些新鲜事。最后，他来到了地球，地球比他的小星球大得多，他遇到了想要被驯养的狐狸、很多很多的玫瑰花，还有正在吞食一头大象的蛇，他有了很多奇妙的际遇。但是，有一件事情他再也没有办法做到了，就是丈量自己脚下这颗行星的大小。

其实，地球上的人们也好不了多少。小王子是从遥远的太空旅行过来的，所以，他远远地就能看到地球的形状——和他的星球一样是圆的。可是，地球上的人类在很长一段时间里，一直坚定地认为大地是一整块平整、坚实的岩石。

 我们脚下的地球是什么形状的？

对于这个问题，你可能想也不想就可以马上回答：既然都叫"地球"了，当然毫无疑问是球形的！如果再问，你是怎么知道的？你可能会说，书本上、电视上看到的。如果要你用一种方法来证实地球是圆的，你会怎么做呢？坐飞机飞到天上去看？大部分飞机只能在离地 1 万米的高空中飞行，从狭小的舷窗看出去，除了天空、云层和变小了的大地，你什么也看不出来。

那就飞得更远一点呗！是的，如果你能离地球再远一些，就能清晰地看到一小部分地球的模样。比如，在"追气球的熊孩子"的视频里，几个少年用 GPS、热气球、照相机和一点点运气（放飞到高空的热气球没有

从飞机舷窗望出去

气球上拍摄的地球照片

被风吹得找不到），就给地球拍下了照片。在他们的照片上，可以看到地平线不再是平的，而是有了肉眼可以分辨的弧度。

从太空中看地球

如果你能离得再远些，比如从轨道空间站或者月球上回望，就能毫不费力地看到整个地球。当然，地球毫无疑问是个球体。

我的新理想，是用它丈量地球的大小。

你要干吗去？

你还是去量地球仪的大小吧！

就算不离开地球,坐着远洋轮船,拿上指南针去航行,朝着一个方向一直开呀开,总能回到原地,也能证明地球是个球体啊!

 如果你生活在遥远的古代,没有能够开得够远的船,也没有任何逃离地球的工具,比如飞机、热气球、飞船和火箭,甚至连望远镜都没有,怎样才能证明地球是圆的呢?

如果你和绝大多数人一样,没有查资料仅仅靠自己冥思苦想的话,就算花掉一个月甚至一年的时间,你多半也想不出来任何可靠的办法。也许你会说:"不识庐山真面目,只缘身在此山中。"在一座山里面都没办法知道山的模样,更何况是地球这么巨大的物体呢?哪里会有待在地球上,不做很大范围的运动,就能证明地球是球形的方法呢?如果有的话,古代的人就不会都认为地球是平的了。

指南针和地球仪

大地是平的,是人的眼睛看到的一个直观的印象,或者叫做"经验"。大家都相信眼见为实,匍匐在地球表面的古代人,要怎样才能发现地球的真相呢?

首先,你需要怀疑自己所看到的,比如地球是平的这件事。眼见并不一定为实,人类有限的经验也不见得就是真理。然后,你需要思考和求证。怀疑和思考已经很难了,求证就更是极少数的人才能完成的事情。

有一个古代人,没有用船、飞机或者气球,就在地球表面上完成了求证的过程。他设计了一个试验,仅仅用了一点儿简单的数学知识,就揭开了"地球是平的"这个在人类眼皮底下隐藏了多年的秘密。

那是很久很久以前,大概是公元前3世纪的时候,在埃及住着一个名叫埃拉托斯尼的人,他是亚历山大市图书馆的馆长。有一天,他从图书馆的一本书里读到了

魔法物理学

埃拉托斯尼的雕像

一段话：

"在南部边疆的西因前哨、靠近尼罗河第一大瀑布的地方，6月21日正午，直立的长竿在地面上没有投下阴影。在夏至那天，也就是一年当中白昼最长的一天，接近中午的时候，圣堂圆柱的阴影越来越短，最后在正午消失掉。这时太阳从头顶上直射下来，在一口深井的井水里可以看到太阳的倒影。"

就是这样一段不起眼的描写，引发了埃拉托斯尼的怀疑。一天中某个时刻，太阳的位置和它在一根长竿背后投下的阴影，除了给蚂蚁乘凉以外，实在想不出还能有其他什么作用。可是，埃拉托斯尼是一个喜欢刨根问底的人，他想要做一个实验，看看6月21日的正午在亚历山大竖起长竿时，它的阴影是不是也会一下子消失不见。实验结果是：正午时分，亚历山大的长竿阴影并没有消失。

埃拉托斯尼迷惑了：为什么一年中同一天的同一时刻，在西因的长竿没有阴影，而在北边的亚历山大，长竿却投下了明显的阴影呢？如果地球是平的，那么在两个不同的地点，分别放上一根同样长的竹竿，一根直立在亚历山大，另一根直立在西因，在某一个特定的时刻，比如太阳在头顶直射的时候，两根长竿应该都不会投下阴影；而太阳光线斜射的时候，两根长竿应该都会在地面上投下同样长度的阴影才对。但是一年中的同一时刻，同样的竹竿在西因没有阴影，而在亚历山大却有明显的阴影，这是绝对不可能发生的事情啊！

不可能发生的事情确确实实发生了，那么原因只有一个，就是：这个事情的前提是错的。在埃拉托斯尼的

埃拉托斯尼把天文测量和地球测量结合在一起了

实验中，预设的前提是：地球是平的。然而最后的实验结果说明，地球——至少亚历山大到西因的这一部分的地球——不是平的！

埃拉托斯尼也是这么想的，哪怕这个想法完全违背日常经验。埃拉托斯尼没有仅仅满足于得到这个结论。既然地球的表面不是平的，那么地球究竟有多大呢？就在埃及的亚历山大市，不用绕地球一圈，也不使用任何现代工具，有没有可能知道地球的大小呢？埃拉托斯尼又一次做到了，他算出了地球的腰围——也就是周长。

埃拉托斯尼手把手教你给地球量腰围

给地球量腰围的原理是这样的：假设地球是弧形的，那么弧度越大，阴影长度的差别就越大。因为太阳离我们实在太远了，所以阳光照射到地球的时候，几乎可以把光线当成是平行的。太阳光线与长竿之间的夹角不同，它们在地面上投下阴影的长度也就不同。

假设地球大体上是球形的，那么还是刚才那个实验，只要知道西因到亚历山大的距离，再测出同一时刻，也就是西因的竹竿在阳光下没有影子的时候，在亚历山大的竹竿投下的影子的长度，就可以估算出地球的周长。

具体的推算过程是这样的：从图上可以很容易地看出，角 A 和角 B 是一样大的（必须是一样大，不信你量一下）。只要测出竹竿的长度，再测出它的阴影的长度，就能算出角 A 的大小。埃拉托斯尼算出角 A 大概有 7°，那么角 B 也是 7°。也就是说，假如将亚历山大和西因的长竿插入地心，它们就会在那里相交成 7° 的角。这样，我们不用跑去地心，就知道了地心一个角的大小，是不是很奇妙呀！

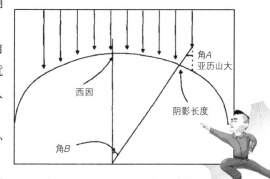

在亚历山大测量地球的简单算法

我们都知道，不管是大是小，一个完整的圆周都是满满的 360°。7° 大约相当于地球圆周的 1/50。埃拉托斯尼雇人测量了亚历山大和西因之间的距离（没有任何工具，完全依靠步测），大概 800 千米，这就是地球周长的 1/50。所以，地球的周长等于 800 千米乘以 50，也就是 40000 千

米。这个答案即使放到今天来看，也是十分准确的——地球赤道的周长是 40075 千米，跟两千多年前埃拉托斯尼推算出来的差距非常小。

埃拉托斯尼测出地球的腰围，唯一的工具是长竿、眼睛、脚和他脑袋里碰撞出来的火花。凭着这个小小的魔法，他在两千多年前就推断出了地球的圆周长度，误差只有百分之几。他是我们知道的第一个正确测量出行星大小的人，而你也可以在地球的任何位置得出同样的结果——只要掌握了这个小小的魔法。当然，现在的你已经不需要跋涉千山万水去测量两地之间的距离，只需要手握导航软件即可。

知道了地球是圆的而不是平的，那么问题就来了。古代的人一直以为脚下的整个大地是平的，而天空是倒扣着的一口巨大的锅，日月星辰沿着锅面穿梭。如果大地是圆的，那么天空又会是什么样的呢？

埃拉托斯尼揭示了地球的秘密后，又过了几百年，到了公元 2 世纪，古希腊出现了一位名叫托勒密的科学家，他在他的《天文学大成》里，提出了关于宇宙体系的思考，也就是后来被称为"地心说"的学说，来解释在大地是球形的情况下，天空应该是什么样的。

魔法的延续：从天动、地动到万物皆动

"地心说"，也就是"天动说"。托勒密认为，地球就像一枚蛋黄一样，静静地待在宇宙的中心，而勤劳的太阳、月亮和星星每天都环绕着它转啊转。为了解释行星逆行等现象，托勒密提供了蛮复杂的一套说法。

"地心说"能初步解释从地球上所看到的天文现象，而且恰好迎合了"上帝创造世界"的基督教教义，所以在中世纪的欧洲，被当成基督教的天文学依据。但是到了文艺复兴时代，随着科学技术的进步，有些人渐渐意识到，地球并不是宇宙的中心，地球也围绕着宇宙的中心在转动。宇宙的中心是什么呢？"日心说"认为，是太阳！

日心说，也叫做"地动说"，和"天动说"针锋相对，它认为太阳是宇宙的中心，而不是地球。其实，古希腊天文学家阿里斯塔克斯在公元前3世纪也提出过这种看法，但是跟"平整的大地是弧形的"一样，"坚实的大地是运动的"

小贴士

"地心说"怎么说

地球静止不动地居于宇宙的中心。

行星和月亮在"本轮"上匀速转动，本轮中心又在"均轮"上绕地球转动，只有太阳直接在均轮上绕地球转动。

所有的恒星都位于最外的固体球壳"恒星天"之上，并随"恒星天"每天绕地球转一周；日、月、行星也随"恒星天"绕地球作周日运动。

这个观点和人们的日常经验实在相差太多了，而且当时也没有足够的天文学观测证据来支持，所以人们基本没有把它当回事。

直到15世纪，哥白尼在《天体运行论》中系统地阐述了"日心说"，开普勒以椭圆轨道取代圆形轨道修正了"日心说"，伽利略制作了天文望远镜，并用它

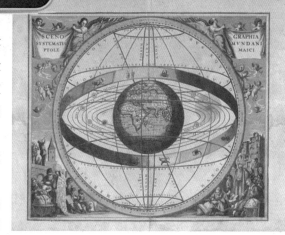

托勒密以地球为中心的宇宙体系

看到了一些以前人们从未见过的天文现象，比如通过望远镜看到了木星和它的卫星，这说明地球不是宇宙的唯一中心。之后，人们才开始尝试接受听起来完全匪夷所思的"日心说"。

因为"日心说"否认了地球的绝对中心地位，对当时的基督教造成了巨大威胁。教会要求哥白尼放弃自己的观点，哥白尼没有答应，最后被活活烧死了，成为科学史上的一大悲剧。不过，最重要的不是一个人什么时候死，或者因为什么而死，而是他留下了什么。个体的命运会淹没在漫漫的时间长河中，就像水滴淹没在暴雨里，而他留下的思想和知识，不会随着时间的流逝而消失，它们能够长久地镌刻在人

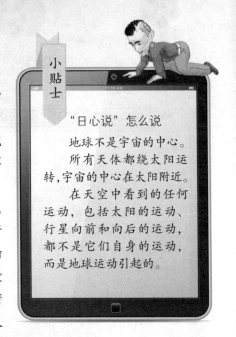

小贴士

"日心说"怎么说

地球不是宇宙的中心。

所有天体都绕太阳运转，宇宙的中心在太阳附近。

在天空中看到的任何运动，包括太阳的运动、行星向前和向后的运动，都不是它们自身的运动，而是地球运动引起的。

类的文明里。

"地心说"照出了浩瀚的宇宙中地球这粒小小尘埃的样子，曾经我们以为这就是全部的世界；"日心说"照亮了尘埃周围的世界，让我们看到人类身处的这个小小的空间，而我们，并不是这个小空间的中心。望远镜，则让我们可以看得更远，想得

波兰著名天文学家
哥白尼（1473—1543）

哥白尼和他的宇宙模型

更多。当科学家在望远镜中看到了月球上的环形山，他们一度以为上面住着月球人呢！

现在我们知道，开普勒关于月球气候的看法是完全正确的。不久前，第一次

冲呀!

啊!

我在他鼻子上架了副望远镜，让他看到遥远的终点就在眼前。

小贴士

11:55 AM

望远镜引发的想象

伽利略用第一架天文望远镜看到了月球上的环形山。而开普勒据此发展出了他的"月球地理学"，根据月亮上昼夜的长短，他认为月球上气候严酷，温度变化悬殊。他还相信月球上有大气层，有海洋，也有人居住。

在一本叫做《梦》的科幻小说中，开普勒想象了一次月球旅行：太空旅行者们站立在月球上，观察他们头顶上美丽的地球在缓缓旋转着，而月球上布满山峦、峡谷和孔洞。

在月球上成功着陆的小兔子——中国的"月兔"号探测器就是因为月球表面昼夜悬殊的温差而生病，睡了一个长长的觉才醒来呢。但是我们也知道了，月球上没有大气也没有海洋，至于月球人，直到21世纪，仍然只存在于科幻小说中。

所以，开普勒并没有猜对所有的事情。不过，这又有什么关系呢，科幻小说可以天马行空，而科学也从来都不是绝对的真理，它们首先是对绝对真理的怀疑，它们会问：是这样吗？随后问：为什么是这样？有没有可能是其他样子？最后，通过实验或者实测，来确定"到

现在测量遥远的外星球已经不再是难事了

底是什么样子"。新的答案又会带来新的问题，让好奇的科学家不断重复这个过程，让人类越来越接近世界的真相。"日心说"代替"地心说"就是这个过程的一个例子。

请你想一想，在什么情况下，"地心说"是对的，而"日心说"是错的呢？你觉得有这种可能吗？

三、隐形的手

　　如何发现一颗看不见的星星呢？在撒哈拉沙漠中仰望家园的小王子就遇到了这个问题。

　　首先，我们不可能用手去摸，因为实在是太远了。用望远镜是一种办法，但是我们怎么知道该把望远镜对准哪里呢？这个时候，就得请出我们更加强大的引力魔法，用"隐形的手"去抓住看不见的星星！

沙漠里的星空

　　真的有一颗看不见的星星吗？如果看不见，怎么知道它的存在呢？

　　其实，只要你掌握了引力的魔法，就可以在地球上找到人们从未知晓，肉眼也无法看见的星球。

　　先来回答上一章的问题：在"地－月"体系下，"地心说"是对的，也就是说，如果只看地球和月球的话，月亮确实是围绕地球这个中心在转动的。而在太阳系之外，"日心说"毫无疑问是错误的，因为太阳只是太阳系的中心，不是其他任何星系乃至宇宙的中心。

　　所以你看，其实并没有什么绝对的真理。我们说一个观点是对还是错，都是放在一定的前提条件下来说的。在一种情况下正确的事情，在另一种情况下可能就是错误的。

地球的形状问题解决了，但新的问题又出现了。在埃拉托斯尼的试验发现地球的表面是圆弧形之后，航海技术也一直不断发展，人们在环球航行的过程中，证实了地球是球形的。这带来了更大的疑惑：如果地球是圆的，为什么地球背面的人们不会往下掉？比如，小王子如果走到他的小星球背面，难道不会掉到宇宙空间里去吗？

引力是什么？它又是怎么被发现的呢？

《小王子》是一个童话，童话是幻想世界里的魔法，它不需要与真实世界的魔法——物理法则相符。不过，在现实世界里，小王子和他的小星球是不可能存在的，也许会有很多很多像小王子一样的小孩，但是他们不可能住在那么小的星球上——无论正面还是背面，左边还是右边，他们都会掉下来。准确地说，如果不用绳子把他们牢牢系在小星球上的话，他们只需轻轻一蹬，就飘到太空里面去了。

伟大的物理学家艾萨克·牛顿

但是，我们又确实知道，如果小王子真的来地球的话，是不会掉到太空里面去的。这是为什么呢？

16 世纪出生在英国的伟大物理学家艾萨克·牛顿也对这个问题深深地着迷过。当然，他的一生都是在地球上度过的，从来没有机会看到小王子飘离他的小星球之类的情景。但是传说中的某一天，当一个成熟的苹果从树上掉下来砸到他脑袋上时，引起了他的极大不满。他愤怒地想：苹果为什么非要往地面掉呢？它就不能飘在空中吗？不能往上飞吗？到底是什么魔力一直把它往地面的方向拉呢？牛顿先生决定要找出这个凶手。

力是一种神奇的存在，它看不到摸不着却又无处不在。早在两千多年前，人们就已经开始思考"力"和运动的关系了。当时著名的哲学家亚里士多德（当然，直到现在他仍然很著名）认为：力是物体运动的原因。他观察了一些运动，得出结论：

魔法物理学

伽利略

必须有一个恒定的力作用在物体上，物体才能够以恒定的速度运动，没有力的作用，物体就静止下来。也就是说，力是保持运动的原因，没有力就没有运动。这个观点听起来是没有什么问题的，比如一辆马车静静地停在路上，如果没有马去拉它，它是不会自己动起来的，要马车不停地跑，可怜的马儿就得不停地拉。一旦马走不动了，马车也会跟着停下来，这难道不是十分自然的事情吗？

在亚里士多德之后的 2000 年里，人们对运动和力的关系的认识一直没有发生什么变化。直到 17 世纪，发明望远镜的那位牛人——伽利略提出了不同的见解。他认为：一旦某个物体具有了一定的速度，只要没有加速或减速的原因，这个速度将保持不变。也就是说，当没有外力作用于物体时，物体将保持静止或做匀速直线运动。

在伽利略看来，力并不是物体运动的原因，而是运动状态发生变化的原因。伽利略的观点与亚里士多德的观点完全不同，好像也不太符合人们的日常经验。但是，前面我们已经说过了，日常经验往往是靠不住的。伽利略的观点，刚好

小贴士

11:55 AM

伽利略发现惯性定律

伽利略仔细研究了物体在斜面上的运动。他注意到：物体沿斜面向下运动时，速度不断增加；沿斜面向上运动时，速度不断减小。那么，在没有倾斜的水平面上，物体的运动应当是没有加速也没有减速，也就是说速度应当是不变的。当然，伽利略知道，这种水平运动的速度实际上并不是不变的，而是逐渐减小的，这是因为物体受到了反向摩擦力的缘故。摩擦力越小，物体以接近于恒定速度运动的时间就越长，在没有摩擦力的情况下，物体将以不变的速度持续运动下去。

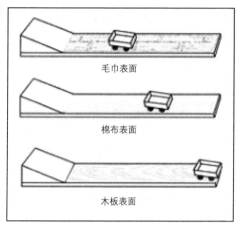

毛巾表面

棉布表面

木板表面

摩擦力越小，运动的时间就越长

能很好地解释很多问题。这个观点，就是"惯性定律"的雏形。

还记得这本书一开始那些看起来很枯燥无趣的斜面图吗？也许你跟我一样，多看它几秒都会觉得无聊，但是伽利略先生觉得盯着它们看是很有意思的事，并且发现了其中蕴含的奥妙：如果不施加外力的话，物体将维持原有的状态一直运动下去。

伽利略这种理想化的运动，是在头脑中做的一种科学实验，比起亚里士多德的观点，它更深刻地反映了事物的本质，而且与实验结果相符。

现在，惯性定律可以用近代的实验设备近似地得到证明：把物体放在一个导轨上，并设法使物体和导轨之间形成一层气层，和气垫船的道理一样，物体沿导轨运动时摩擦就可以减到很小，这时推动一下物体，它的运动就十分接近匀速直线运动。

法国科学家笛卡尔进一步补充了伽利略的观点，他指出：如果运动的物体不受任何力的作用，不仅速度大小不变，而且运动方向不变。

后来牛顿先生把这些观点总结为一条重要的科学定律：一切物体在没有受到力的作用的时候，总保持静止状态或匀速直线运动状态。这就是著名的牛顿第一定律。

牛顿第一定律也说明：一切物体都有保持静止状态或匀速直线运动状态的性质，这种性质就叫做"惯

说，你是怎么把他打晕的？

晕！

我们把牛顿做过的实验又做了许多遍，结果……

小贴士

一切物体在没有受到力的作用的时候分两种情况：一种是物体真的没有受到力，这是一种理想情况，现实中几乎不可能存在；另一种是物体受到了平衡力，这是现实生活中经常可以见到的情况。

性"，因而牛顿第一定律也叫做"惯性定律"。

也许你会问，那么刚才说的马车的事情又怎么解释呢？其实，这就是受到了平衡力的情况了。马车一旦动起来，车轮和地面摩擦，就会受到来自地面的阻力——摩擦力。摩擦力总是与运动的方向相反的，要保持车轮持续向前转动，就必须不停地给它一个向前的力量，来克服向后的摩擦力。所以，就算有了牛顿先生的第一条定律，可怜的马儿还是得不停地跑。

既然牛顿第一定律告诉我们，没有力也可以有运动，那么是不是从此力就和运动撇清关系了呢？牛顿说："绝对不是哦！力对运动是有影响的，力可以改变运动的快慢和方向。"他又补充了一个定律来说明这个原理，就是著名的牛顿第二定律。牛顿第二定律定量描述了力作用的效果和物体的惯性大小。

牛顿第二定律的内容是：物体在受到合外力的作用会产生加速度，加速度的方向和合外力的方向相同，加速度的大小与合外力的大小成正比，与物体的质量成反比。

牛顿第二定律告诉我们，如果一个物体受到的外力加在一起不是零的话，就会产生加速度，使物体的运动速度或者方向发生改变。

撬动地球的力

不过，牛顿先生发现的第一定律和第二定律，只是描述了运动和力之间的关系，并没有解释"力从何来"，也就是说，没有回答让苹果下落，砸晕牛顿先生的那种力到底是什么。

搞清楚了力和运动的关系之后，牛顿想：所有物体都是受到某种加速力的作用，才会被地面吸引，向地面坠落。如果苹果从树上掉落是这样，那么树再高一些又会如何呢？如果树一直长到月亮上，树上的苹果还会掉落到地面上吗？月亮并没有挂在树上，可是为什么月亮不会像苹果一样落到地面上呢？又是什么力量，让月亮不停地围着地球转动呢？

牛顿研究了半天，得出结论：让苹果落下和让月亮公转的，其实是同一种力。这种力无处不在，所以牛顿把它叫做"万有引力"。

让我们观察下奥林匹克的链球运动员。当运动员拿着链球旋转的时候，维持链球旋转的力是铁链上的拉力，这个力是一直朝着运动员的手腕方向不会变化的，所以这个力又叫"向心力"。无论运动员什么时候松手，松手的一瞬间，铁链上的拉力消失，铁饼就会沿着直线飞出去。同样，月球本来也在做直线运动，之所以会绕着地球做圆周运动，是因为有一种看不见的力不断把它往地球的方向上拉，如果没有这种拉力的话，月球就会沿着与这个拉力呈直角的方向，直直地飞出圆周运动的轨道。一开始，牛顿把这种拉力叫做重力，并且认为重力能够远距离起作用。后来，牛顿发现，将苹果往地球上拉的力就是使月球沿着轨道运转的力，并且，所有物体都具有重力，重力实际上是具有质量的物体之间的一种无处不在的、相互吸引的力。只是质量小的物体重力很

小贴士

这里放上牛顿第二定律的表达公式，也许我们现在还用不到，但是它清楚地展示了"力、质量和加速度"这三者之间的关系是：

F（物体受到的外力之和）$=m$（物体的质量）$\times a$（物体受力时产生的加速度）

为什么做直线运动和做圆周运动的力，会是同一种力呢？

链球运动员旋转

小，小到无法察觉。而质量越大，对其他物体的引力就越大，成为影响物体运动的主要力量。天上的星星质量都很大，所以天体的运动主要靠引力。

牛顿被苹果砸了脑袋后，从 1665 年至 1685 年，花了整整 20 年的时间，才沿着向心力—重力—万有引力的方向，找到了把苹果拖向地面的那只"隐形的手"。

在地球上，万有引力赋予了物体重量，并使物体落向地面。在宇宙中，万有引力让物质聚集而形成天体，同时也让天体之间相互吸引，形成按照轨道运转的天体系统。而月球对地球上海水的引力，形成了地球上的潮汐。

前面我们说过，科学家总是在不断怀疑、假设和求证的。一种理论，需要被实验证实才能成立，而每当被证实的时候，常常就是"见证奇迹"的魔法时刻。牛顿的万有引力理论诞生之后，是如何展现它强大的魔力的呢？海王星的发现就是万有引力成功的预言之一。

万有引力的魔法秀：发现海王星

1781 年，英国天文学家赫歇尔发现太阳系第七颗行星——天王星之后，科学家们便开始研究天王星运行的轨道。在研究过程中，人们发觉天王星和计算出来的轨道不完

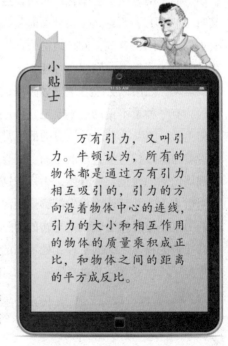

小贴士

万有引力，又叫引力。牛顿认为，所有的物体都是通过万有引力相互吸引的，引力的方向沿着物体中心的连线，引力的大小和相互作用的物体的质量乘积成正比，和物体之间的距离的平方成反比。

全一样。这时，科学家面临两种选择：要么认为万有引力的定律是有错的，然后重新考量牛顿的力学体系；要么坚持万有引力的计算法则，那么按照这个法则，在天王星的外面必须存在一个质量很大的天体在吸引着天王星，才

太阳系的行星在引力的驱使下围绕太阳运转

会使天王星的运行轨道和计算的不一样。但是，人们看不到这个物体，万有引力的预言就无法得到证实。

在英国剑桥大学，有一个名叫亚当斯的年轻人对这个问题很感兴趣，他根据万有引力的原理，运用数学的方法推算出了这颗新星的位置。他满怀喜悦地把研究成果通过母校转达给英国皇家天文台，结果根本没有得到重视。

几乎在同一时间，法国巴黎工科大学的青年教师勒威耶，也对天王星外面的神秘天体有着浓厚的兴趣，他利用工作之余从事天文学研究，同样用数学方法推算出这颗新星的位置。他把推算的结果写信告诉德国柏林天文台的

通过万有引力发现的海王星

伽勒。1846 年 9 月 23 日，当伽勒把望远镜指向勒威耶所说的位置的时候，发现在那里真的有一颗新的行星！

这样，运用万有引力的法则，人们仅仅通过计算，就在茫茫的黑夜中寻找到新的星星！

掌握了引力法则，我们动动手指就能发现未知的星球，还可以把卫星送上地球轨道，把人送到月球上面去。但是，引力不光可以帮大忙，还可以制造麻烦。在一本科幻小说中，就描写过一个引力创造的混乱世界——三体世界。

冰封的大地

引力之乱——三体世界

大学教授汪淼穿着感应服，进入了一个神秘的网络游戏——三体世界。游戏里一片荒原冻土，寒气逼人，感应服把游戏里面的体感传递给了汪淼。

跋涉了一段路程后，汪教授遇到了两个奇怪的游戏玩家，一个自称"周文王"，另一个是他的追随者。他们也冷得瑟瑟发抖。教授看看天边红色的曙光，说："太阳出来就会暖和些。"追随者说："你怎么可以谈论天气，你在冒充先知吗？"教授很奇怪：这需要先知才能知道吗？看看曙光就知道一两个小时后太阳肯定会升起来呀。

但是，太阳并没有出来，天边的晨光开始暗下去，很快消失了，夜幕重新笼罩了一切。更奇怪的是，过了一会儿，另一个方向的地平线又出现了曙光，一个蓝色的小太阳很快升起又落下了，大地仍然十分寒冷。

寒夜持续了整整两天。正当他们又饿又冷、疲惫不堪的时候，天边再一次出现了曙光，并且迅速增强，转眼间太阳就升了起来。这次升起的是一颗超级大的太阳。当它升至一半时，直径至少占了视野内1/5 的地平线。他们脚下的冻土迅速融化，由坚硬如铁变成泥泞一片，热浪滚滚。

原来，这是一颗有着三颗太阳的行星。早晨太阳不一定能升起，

三体游戏中炽热的天空和大地

黄昏太阳不一定落下，没有太阳的时候，冰冷的黑夜可以持续几十年，当三颗太阳同时升起，游戏里的玩家几乎不可能撑过地狱般炽热的白昼。为了生存下去，他们只能通过一种叫做"脱水"的休眠模式来渡过严酷的季节，等到不冷不热、昼夜规律交替的美好时代到来后，再在水里浸泡复活。

游戏中的玩家们要做的，就是在变幻莫测的恶劣环境中寻找太阳升起和落下的规律，及时"脱水"休眠和"浸泡"复活，尽可能长地存活下去，延续文明。

拥有三颗太阳的三体星

"三体世界"是科幻作家刘慈欣在科幻小说《三体》中虚构的一个网络游戏，在小说中，三体世界这个游戏并不是地球人设计出来的，而是生活在距离太阳最近的恒星——半人马座中的三体人设计的。叫他们"三体人"可不是因为他们拥有三个身体，而是因为他们就生活在拥有三颗恒星的星系中。

毁灭世界的三个太阳

三体人能够抵抗多个太阳同时出现时的高温和强光，并且进化出了脱水的休眠能力，在环境相对温和的时代再浸泡复苏。三体人用脑电波相互交流信息，并且记忆和意识可以遗传给下一代，因此才会在恶劣的三体星系生存条件下发展出高级的科技和文明。因为环境实在太过混乱和严酷，他们所建立的文明还是经历了多达200次的毁灭与重生。在新一轮的文明中，三体人在气候和文明都十分稳定的地球上投放了三体世界生存游戏，并邀请地球上的精英来试玩，想借助地球人的智慧为三体文明的延续寻找出路。

三体世界只是想象中的黑暗魔法世界，还是真的可能存在的世界？

我们知道，地球上的一天是 24 小时，一年是 365 天，只有一个太阳和一个月亮。日升月落、春去秋来都是有规律可循的。在什么样的情况下，一颗行星的天空中会出现三颗疯狂的太阳呢？

这就是万有引力带来的一个著名的问题——"三体问题"。

简单地说，"三体问题"就是无法预测三个天体受力和运动情况的问题。"三体"指的是三个离得比较近的天体构成了一个系统，每一个天体都受到其他两个天体引力的牵引，由于受力情况实在是太复杂了，而且每一个微小的扰动都可能会对它们的运动状态带来极大的干扰，所以在数学上，是没有办法预测三体系统的运动规律的。如果我们像三体世界的游戏角色一样，生活在拥有三颗恒星的星系中，"天气"还真不是一个可以随便讨论和预测的问题。

"三体问题"是什么问题？

在 1887 年，为了祝贺自己的 60 岁寿诞，瑞典国王奥斯卡二世出钱赞助了一项竞赛——征求太阳系稳定性问题的解答，这是三体问题的一个变种。

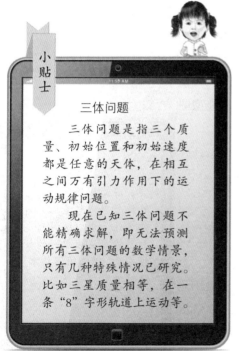

小贴士

三体问题

三体问题是指三个质量、初始位置和初始速度都是任意的天体，在相互之间万有引力作用下的运动规律问题。

现在已知三体问题不能精确求解，即无法预测所有三体问题的数学情景，只有几种特殊情况已研究。比如三星质量相等，在一条"8"字形轨道上运动等。

法国数学家庞加莱简化了问题，提出了"限制性三体问题"，即三体中两个物体的质量是如此之大，以至第三个物体的质量完全不能对它们造成任何扰动。面对这个问题，庞加莱运用了他发明的相图理论，并且最终发现了混沌理论。虽然庞加莱没有成功给出一个完整的解答，但是他的工作很有价值，所以还是在 1888 年赢得了奖金。庞加莱发现：三体系统的演变经常是无法预测的，如果初始状态有一个小的扰动，例如其中一个物体的初始位置有一个小的变动，则后来的状态可能会有极大的不同。如果这个小变动不能被我们的测量仪器所探测到，则我们不能预测最终状态会是什

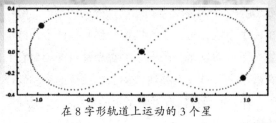

在 8 字形轨道上运动的 3 个星

么样。裁判之一，著名的数学家卡尔·魏尔施特拉斯评价道："这个工作不能真正视为对所求的问题的完善解答，但是它标志着天体力学的一个新时代的诞生。"

庞加莱对三体问题的研究之所以很重要，还因为它后来成为了混沌理论的开端。现在混沌理论在自然和社会科学的很多领域都发挥了重要的作用，科学家们用它来研究人口移动、化学反应、气象变化和社会行为等一系列问题。

 混沌理论又是个什么高深的理论呢？

我们只需要知道，混沌理论认为在混沌的动态系统中，哪怕一开始的状态发生了十分微小的变化，经过系统的不断放大，也可能会对未来的状态造成极其巨大的差别。

大家常常说起的"蝴蝶效应"就是一个典型的例子。就像一首西方民谣唱的：

丢失一个钉子，坏了一只蹄铁；

坏了一只蹄铁，折了一匹战马；

折了一匹战马，伤了一位骑士；

伤了一位骑士，输了一场战斗；

输了一场战斗，输了一场战争；

输了一场战争，亡了一个帝国。

马蹄铁上的一个钉子掉了，是一个十分微小的变化，却引发了一个帝国的灭亡，这就是军事政治领域中的"蝴蝶效应"。混沌系统对外界的刺激反应，

小贴士

混沌理论

混沌理论是一种兼具质性思考与量化分析的方法，用以探讨动态系统中无法用单一的数据关系，而必须用整体、连续的数据关系才能加以解释及预测的行为。

小贴士

蝴蝶效应

蝴蝶效应指的是在一个动力系统中，初始条件下微小的变化能带动整个系统长期的巨大连锁反应。

比非混沌系统快得多，也大得多。给非混沌系统，比如"牛顿力学系统"中的一个物体加一点儿推动力，只能给它带来一点儿速度的变化，并且这种变化是确定和可以预测的，但是混沌系统却不是这样。由万有引力制造出来的三体系统已经十分复杂莫测，但却是一个最简单的混沌系统模型了。

伟大的牛顿发现了万有引力，他应该感到很欣慰，因为那一天，强大的万有引力只是把树上的苹果拉向他的脑袋，而没有把太空中的大陨石拉向他的房子，好多在路上被花盆砸中的人们可没有他那么幸运。后来，人们又发现，引力只是自然界的四大基本相互作用力之一。大自然还存在着另外三大基本相互作用力：电磁力、弱相互作用力和强相互作用力。

在这四种基本相互作用中，引力是最弱的一种，但同时也是一种长程有效作用力。也就是说，引力的大小随着距离的增加而缓慢减少，所以在很远很远的地方都能够起到作用，电磁力就不行，这也是引力的奇妙之处。直到今天，计算人造卫星、

蝴蝶效应

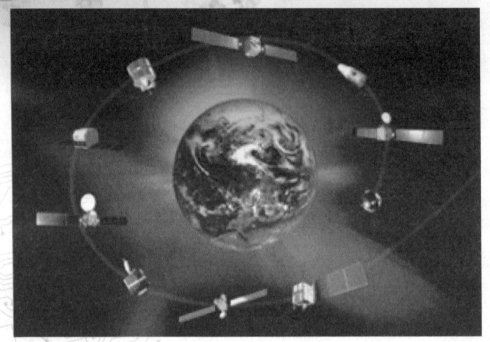

人造卫星在引力作用下沿轨道运动

宇宙飞船等航天器的轨道，仍然离不开几百年前发现的万有引力定律。

可是，引力是如何产生的，又是怎样发挥作用的呢？牛顿先生的万有引力定律回答不了这些问题。直到现在，我们也没有确切的答案，我们只是观察到了引力产生的现象，掌握了一些引力运行的规律，但是对于引力的本质和作用的机制，还缺乏足够的认识。有的科学家认为引力是通过引力子这种物质在起作用，不过现在人们都没有找到引力子存在的证据。不得不说，对现在的人类来说，引力仍然是没有解开的魔法。

四、能量小偷

有了力，有了运动，就有了能量。即使在不了解力的本质的情况下，我们仍然可以利用能量来做各种各样的事情。比如，利用力带来的动能造出蒸汽机来开动火车、轮船。可是，能量又是从哪里来的呢？

物理学上，把能量定义为"物质运动转换的量度"。世界万物是不断运动的，在物质的一切属性中，运动是最基本的属性，其他的属性都是运动的具体表现。

能量以多种不同的形式存在，按照物质运动的不同形式分类，能量分为动能、化学能、热能、电能、辐射能、核能、光能、潮汐能等。这些不同形式的能量之间可以相互转化。

"能量"到底是什么呢？

从质能关系式中可以看出：质量相同的物体，运动速度越大，它的动能越大；运动速度相同的物体，质量越大，具有的动能就越大。

人类一直在用包括动能在内的所有可以利用的能量来为自己服务，他们想要把各种各样的力，比如风力、重力等转换为推动机械运动

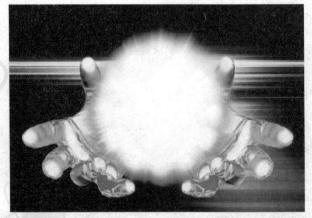

的动能。也就是说，人类一直干着从大自然中窃取能量的勾当。本来，自然界蕴含的能量十分巨大，分一点儿给人类用也没什么关系。可是，有一部分懒人的野心更大，他们想要源源不断地从自然界获取能量，但不想为此付出自己一丝一毫的能量。于是，他们想出了一个终极的解决办法，就是一劳永逸的能量小偷——"永动机"。

教你鉴别真假魔法——不可能的"永动机"

　　永动机是人类的一个古老的梦想，而且是建立在科学之上的梦想。因为永动机的设计依据都是科学原理，而不是任何超自然力的魔法。不幸的是，披着科学外衣的永动机却是不折不扣的幻想之作，永远不可能实现。

　　历史上，包括达芬奇、焦耳这样非常有名的大科学家，都曾经热衷于永动机的研究，但是他们全部都失败了。当然，直到现在也没有人成功过。

小贴士

运动产生的能——动能

　　我们把因运动而具有的能量称为物体的动能。动能是最基本的一种能量，它的大小可以算出来：把运动物体的质量乘以它速度两次，再除以2，就得到了这个物体拥有的动能。这就是伟大的物理学家爱因斯坦老爷爷研究出的质能关系式：$E=mc^2$。

魔法物理学

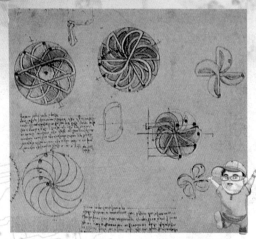

著名科学家达芬奇设计各种永动机的手稿

从字面上看，永动机，就是能够永恒运动的机器。地球在万有引力的作用下，绕着太阳不停地转，是不是一个永动机呢？

答案是：NO!

我们所说的永动机，指的是一种机械或者系统，它能够不停地自动运动，并且还能够做某种有用的功，比如让火车开动、让玩具熊走起来等等。仅仅是不停地运动，但是不做功，是不能叫做永动机的。

在力的方向上有运动，才算做了功。这里所说的"功"，指的是力对距离的积累。我们把力的大小乘以沿着力的方向所移动的距离，就得到了力对物体所做的功。在引力作用下做圆周运动的物体，运动方向与引力的方向是垂直的，也就是说，在引力的方向上没有移动距离，所以，它们并没有做功，也就不能算做是永动机。

从永动机概念提出来至今，已经过去了800多年的时间。下面，就让我们来看看历史上一些著名的永动机。按照原理的不同，它们分为第一类永动机和第二类永动机。

究竟什么是永动机？为什么永动机的发明全部都失败了呢？

首先登场的是第一类永动机中最古老、最经典的一种——魔轮！

魔轮的构造和原理是这样的：

在轮子的边缘上装着活动的短杆，每根短杆的一端都装着一个很重的小球。当初发明这个轮子的牛人想的是：无论轮子的位置怎样，在重力的作用下，轮子右面的各个小球一定比左面的小球离轮心远，给轮子施加的压力比左边的小球大，因此，右边的小球总要向下压，轮子就会一直向右转动，直到轮子转坏了为止。

但是，真正制造出来以后，它却并不会一直转动。

 魔轮为什么转不起来呢？

让我们来仔细看图：虽然轮子右边的小球们离轮心比较远，但是这些小球的个数总比左边的少：右边一共只有 4 个小球，但左边却有 8 个。由于轮子两边受到的力差不多大，轮子就不会转动，只会在摇摆几下之后停到一个平衡的位置上，然后就打死也不肯动啦。

另外一种永动机设计得比这个和谐多了，

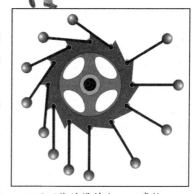

不可能的设计之——魔轮

不可能的设计之——另一种魔轮

也不肯动啦！

至少转起来不会砸到花花草草神马的。LOOK！一只圆轮，里面装着可以自由滚动的沉重钢球。这位发明家的设计思路是：轮子右边的钢球总比左边的离轮心远。因此，在重力作用之下，一定会使轮子旋转不息。当然，现在你知道了，他的想法是不会实现的。因为当系统到达平衡点时，轮子就会乖乖地停下来，再

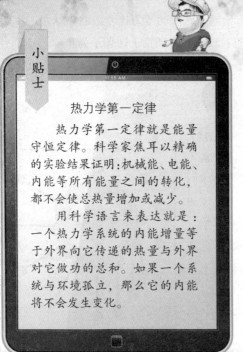

小贴士

热力学第一定律

热力学第一定律就是能量守恒定律。科学家焦耳以精确的实验结果证明：机械能、电能、内能等所有能量之间的转化，都不会使总热量增加或减少。

用科学语言来表达就是：一个热力学系统的内能增量等于外界向它传递的热量与外界对它做功的总和。如果一个系统与环境孤立，那么它的内能将不会发生变化。

所有伟大的发明家们设计的，只要给个初始力量就会永远不停运动下去的东东，统称为第一类永动机。在18世纪，人类发现了热力学第一定律之后，第一类永动机就被判了死刑，因为它违背了热力学第一定律。热力学第一定律也叫能量守恒定律，它的核心思想是：能量既不能创生，也不能消灭。

第一类永动机企图凭空创造出能量，自然不可能成功。而第一类永动机的失败告诉我们，设计思路和原理很重要！违背科学规律的创造发明，不论技术和设计如何巧妙，都是不可能实现的！

热力学第一定律表明：机械效率不能大于100％！

自从发现了热力学第一定律，人们对第一类永动机就没有太多兴趣了。当然，有一些不明真相的群众和不相信科学的民间科学家们，仍在孜孜不倦地钻研这一课题，期盼着让能量无中生有，从而实现不劳而获，一劳永逸……如果你去问他们进展如何，他们多半会脸红的。

能量守恒的秘密被发现后，一些永动机和能量守恒定律的双重粉丝转而投向另一条道路：

既然能量是不能凭空创造出来的，那么从一些能量大户那儿偷一点儿能量，来作为驱动机器永远转动的源头，总可以吧？

在这一思路下设计出来的永动机，就是第二类永动机。第二类永动机，也就是传说中不花钱的永动机！因为这种永动机使用的动力，是不花钱，也不费力的，同时，也不会违背热力学第一定律。

我们先来看看历史上首个获得了商业成功的不花钱的永动机——它就是1881年美国人约翰卖给美国海军的"零发动机"。它的设计思路是：占据着地球表面积72%的海洋是个能量大户，它的温度只要下降1℃，就会释放出惊人的热量。常温的海水温度在0℃以上，设计者找到了一种物质——氨，它的沸点只有 − 33℃。我们知道，自然状态下，热量总是从高温物质或高温部分向温度较低的一边传递的，利用海水的热量很容易把温度更低的液氨汽

从海洋、大气乃至宇宙中吸取热能，并将这些热能作为驱动永动机转动和功输出的源头，这就是第二类永动机

化，就像烧开水一样加热。海洋是柴火，液氨是锅里的水，烧出来的氨气，就是工业革命的伟大动力源头——蒸汽！有了蒸汽，就可以推动机械呼哧呼哧地转起来！但是，美国人设计的这个伟大的海洋蒸汽机还是不能持续运转。这又是怎么回事呢？

"不花钱"的永动机没有违背热力学第一定律，为什么还是没有成功呢？

原来，设计者忽略了关键的一点：需要给汽化后的液氨提供除了海水之外的第二个热源，或者准确地说是"冷源"来。否则，没有这个"冰箱"来降温的话，氨气无法重新液化，这个系统就不能持续循环，仍然"永动"不起来。这个必须使用到的第二冷源就没那么容易实现，也不可能是"不花钱"和"不费力"的啦。郁闷的科学家们深入研究这一现象后，发现了一个更加郁闷的定律——热力学第二定律。热力学第二定律揭示了另一个令人丧气的重要原理：

不可能从单一热源吸取热量，使之完全变为有用功而不产生其他影响。

第二定律也很好理解：冬天，当你用自己热乎乎的手（或者别人热乎乎的手）

捂着冻僵的脸时，总是脸变热，手变冷，而不是反过来。但是，脸不可能源源不断地从手上吸取热量，当脸和手的温度差不多的时候，它们之间就会停止热量的传递。而且，热乎乎的脸也会顺便让周围的空气变热那么一点点，虽然你可能完全察觉不到这个变化。也就是说，在热量传递的过程中，总是会丢失一些能量。

换句话说，热力学第二定律表明：机械效率不能等于 100％！

于是，热力学第二定律宣判了"不花钱"的永动机的死刑。要维持永动机的运转，必须有外来的能量输入，也就是说，第二类永动机，也是必须花钱的！

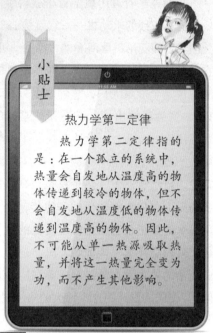

小贴士

热力学第二定律

热力学第二定律指的是：在一个孤立的系统中，热量会自发地从温度高的物体传递到较冷的物体，但不会自发地从温度低的物体传递到温度高的物体。因此，不可能从单一热源吸取热量，并将这一热量完全变为功，而不产生其他影响。

不可能的设计之——脸盆永动机

唉，偷来的，总归不能长久，不劳而获怎么就那么难呀！

几百年来，人们曾经想出几百种"永动机"。但是，可以负责任地告诉大家，这些永动机没有一架能够持续转动。每一个发明家，就像我们所举的例子里那样，在设计的时候总有某一方面给忽略了，这就破坏了整个设计。

比如这一个想象中的"永动

机"——脸盆永动机：盆子里的水，通过毛细作用被毛巾吸上去，然后在重力的作用下冲到一个轮子的叶片上，使得轮子转动。然后，下面盆子的水又被吸上去……轮子就会永远不停地旋转下去……但是，实际上不但轮子不会转动，甚至连一滴水都不可能升到最上面！这样简单的道理，其实根本不必把脸盆永动机造出就可以明白。因为，既然毛细作用胜过了重力，使水沿着毛巾上升，那么同样的原因就会支持这个水，不让它从毛巾上流下来。退一步说，即使我们假定毛巾作用果然能够把水吸到上面，那么，把水吸上来的毛巾就又会把这水送回到下面的盆子里去。

此外，还有各式各样的永动机，要么根本不能动，要么制造和维持它们运转所要花费的钱比它们能够节省的钱还多……热力学定律的发现，从基本原理上摧毁了永动机这个梦想机器存在的基础。执着追求将功最大化的永动机研究者们，最后发现，自己做的一切，不过是无用功。

回顾人类的这一段科学发明史，让我们明白：从来没有什么救世主，更没有什么永动机！如果你看了这些失败的故事，对机械的发明创造产生了兴趣，想要把设计当成未来的职业，去设计个电饭煲、电吹风都好（其实，设计和制造出好用的电饭煲、电吹风也不容易呢），也千万不要踏入永动机这个领域哦！因为，不管你多么努力，投身于违背科学规律的事业都是没有前途的！

物理好像总有三大定律，那么热力学有第三条定律吗？

没错，热力学真的有第三定律。

所有物体都有一个最低温度吗？是的。物质的温度取决于其内部原子、分子等

粒子的动能。绝对零度就是热力学的最低温度，但只是理论上的下限值。物体在绝对零度的时候没有热能。科学家发现，物体内部粒子的动能越大，物质温度就越高。所以，理论上，如果组成物质的基本粒子的动能达到最低点时，物质就会达到绝对零度，不能再低。然而，绝对零度是不可能达到的最低温度，自然界的温度只能无限逼近。

科学家们认为，在绝对零度下，物质呈现的既不是液体状态，也不是固体状态，更不是气体状态，而是聚集成唯一的一个单一实体——"超原子"。

热力学温度的单位是开尔文，绝对零度就是0开尔文，约等于 −273.15℃。

小贴士

热力学第三定律

热力学第三定律又叫"绝对零度不能达到原理"，绝对零度指的是物体理论上能够达到的最低温度。热力学第三定律：任何系统都不能通过有限的步骤使自身温度降低到绝对零度。

五、光的魔咒

　　星光、日光、闪电，还有萤火虫发出的光……大自然中这些看得见摸不着的光线到底是什么？有人说，光是一种能量；有人说，光是一种物质；还有人说，光是一种电磁波。这些说法哪一种才是正确的呢？

　　小王子的故事时间又到啦。

　　这一次，旅行到地球上的小王子感觉到孤单了，他想要回到自己的家里去。

　　和小星球很不一样的是，地球的引力实在是太大啦，小王子虽然很瘦，但是在地球上也变得很重，所以飞不起来了。

　　蛇对他说，人死后，才能摆脱沉重的躯壳，灵魂才可以飞到星星上面去。

光

　　蛇说自己可以帮忙，于是，小王子为了回家，就让蛇用沾满毒液的牙齿把自己咬死了。

　　小王子最后回到家了吗？没有人知道。

　　不过，蛇可没有说谎，在我们地球的传说中，人死后就会变成星星，在天上俯视自己的家人。不过，这仍然只是发生在童话世界里的事。试想一下，如果人死了真的都变成星星，那是不是天上的星星就和地上死去的人数量一样多呢？还有，在明朗的夜里，当我们仰望星空的时候，实际上满天都是鬼魂在眨着眼睛看我们吗？还能不能让人愉快地看星星啊？

关于星星和鬼魂的问题，几个世纪以前的一位天文学家，也曾经在星空下，和他的小儿子进行过一场浪漫的讨论。

 天上的星星真的是鬼魂吗？

关于星星的讨论回放：

儿子：爸比，你会唱小星星吗？（台词不对重来！）

　　　爸比，你相信天上的小星星都是鬼魂吗？

父亲：我相信啊！

儿子：啊，爸比你真的相信有鬼魂存在吗？（潜台词：你可是科学家，科学家不是不应该相信这些吗！）

父亲：是啊，不过，我相信的可不是人死后的那种"鬼魂"哦！

儿子：那是什么鬼魂？

父亲：人死后有没有鬼魂我不知道，但是你看，我们现在看到的星星确实是它们自己的鬼魂呢！

儿子：为什么呢？

父亲：我们能看到星星，是因为星星发出的光到达了我们的眼睛。可是，星光并不能马上就到达这里，虽然光是世界上最快的东西，但也需要时间来传播。这个

在光的魔咒控制下的星空

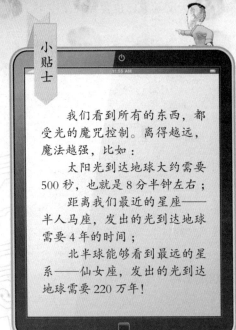

小贴士

我们看到所有的东西，都受光的魔咒控制。离得越远，魔法越强，比如：

太阳光到达地球大约需要500秒，也就是8分半钟左右；

距离我们最近的星座——半人马座，发出的光到达地球需要4年的时间；

北半球能够看到最远的星系——仙女座，发出的光到达地球需要220万年！

你同意吗？

儿子点头。

父亲：天上的星星离我们都很远，有的星星发出的光，需要几万年、几十万年，甚至上亿年才能到达地球。所以我们看到的星星并不是现在的星星，而是以前星星的模样。当很远很远的星星发出的光，走了几十万甚至上亿年才到达地球，被我们看见的时候，可能发出这些光的星星都已经死了。所以，我们看到的就是星星的鬼魂了。比如，现在我们看着在闪烁的星星，可能有一些已经不在那里了。

这场对话后，科学家的小儿子估计也不能愉快地看星星了，因为看星星的时候，他就会情不自禁地去想满天的星星里面，会有多少是死去星星的鬼魂。让一个小孩子或者大人去看星星的鬼魂，总是一件神秘又忧伤的事情。因为有了光的魔咒，我们永远看不到现在的星星、太阳和月亮。

 我们知道光跑得很快，那么光究竟能跑多快呢？

其实，光在不同的物质里面跑的速度不同，在没有物质的地方（也就是真空中，宇宙中绝大部分空间都是近似于真空的）跑得最快——速度是每秒30万千米，也就说，如果你用了1秒钟眨了一下你的眼睛，光就已经跑过了30万千米，相当于绕地球跑了7圈半！而离地球最近星座的星光跑到地球，都需要4年。当光在空气中、水中跑的时候，速度会变慢一些，因为遇到了空气分子、水分子的阻挡。

距离太阳几万光年的星星不计其数，而 10 光年以内的星星却只有 15 颗。所以，你会不会觉得，我们的宇宙实在是太大啦？对的，因此在计算宇宙间天体的距离时，我们就不能用在地球上的距离单位，比如千米、海里等，那样随便一个数字都会很长很长，用起来十分麻烦。我们用光一年能够跑过的距离来计算，也就是光年。

我们能够看到图像，不仅仅是因为有光，还因为我们一"出厂"就自带了超级酷炫的"光接收处理器"——眼睛。

小贴士

"光年"可不是时间单位，而是距离单位哦！

光年，是天文学上表示距离的单位，其字面意思是指光在真空中沿直线传播一年的距离，大约为94605 亿千米，是由时间和光速计算出来的。

"看见"是一件十分奇妙的事情，因为"看"的过程实在是太复杂了，而看的工具——"眼睛"远比人类能够制造出来的任何一部摄影机都精密得多。眼睛的复杂和奇妙也引发了历史上一场有名的争论——神学和进化论之争。

1809 年，著名神学家佩利写了一本书——《自然神学》，佩利在书中讲述了设计论的观点。50 年后，生物学家达尔文发表了更加著名的《物种起源》一书，提出了进化论的观点，从此开始了进化论与设计论之间的长久争论，其中一个重要的争论话题就是：眼睛是造物主设计出来的，还是大自然进化出来的。下面，我们就来围观一下两位绅士是如何吵架的。

佩利：达尔文先生，如果一个居住在荒岛上的人突然发现了一块手表，看到它的各个部分被组合成为一个整体，为一个单一的目的服务。那么，这个人会怎么想呢？他会做出推断：这种精巧发明背后一定有一个发明者，也就是说，必定有一个制钟匠存在。这一点你不会否认吧？

插问 有了光，我们就能够看到图像，是这样的吗？

佩利（左）和达尔文（右）

达尔文：如果我是那个人的话，我的确会这么想。

佩利：同样的道理，当我们看到自然中存在为某一目的而协调起来的复杂结构的时候，比如眼睛，我们不是应该推断出存在一个理智的设计者吗？人类是无法设计和制造出眼睛这样复杂和完美的机器的。所以，眼睛一定是被比人类智慧得多的上帝创造出来的。

达尔文：首先，我承认眼睛是十分复杂的，可是，眼睛真的是完美的吗？人只有两只眼睛，这可算不上完美。从功能角度来说，有三只眼睛的话，对人类会更加有利呢！

佩利：达尔文先生，你好像有点儿胡搅蛮缠吧！两只眼睛的人类已经可以看清色彩、图像和空间了，难道还不够用吗？

达尔文：够用，但仅仅只是够用而已，并不够完美。再比如，眼睛里还存在着视觉盲区——盲点。在这个区域是看不到东西的，智慧的上帝设计它来做什么呢？

佩利：即使眼睛并不完美，也远在人类这样的生物能够创造的范围之外呀！这么

插问 你认为眼睛是造物主设计出来的，还是自然进化出来的呢？

复杂的装置要起作用的话，就必须是足够完善的。简单地说，我就不相信一半的视力有什么用。

达尔文：谁说一半的视力没有用？一个视力仅为 0.5 的人，虽然不完美，但是同样能够看见东西。有些任务必须由视力好的眼睛来完成，有些任务视力差些也能完成。具有不同完美程度的眼睛都各有自己的用处。

佩利：我可以接受你的这些解释。不过，我说"一半视力有什么用"时，我的意思是，一个功能完整的眼睛是由很多个部分组成的。这些部分对完成眼睛的功能都是必需的，缺一不可。按照您进化论的观点，进化是一个逐步

眼睛是进化来的吗

的过程，那么眼睛必须是一步一步进化出来的。可是，我认为眼睛从一开始就必须具有完整的功能，不可能先进化一部分，再进化另一部分，因为不完整的眼睛没有任何用处。如果真的这样进化的话，可是会被大自然淘汰的哦！

达尔文：佩利先生，我明白你的意思。当然，一张高级的视网膜如果没有配上一只同样高级的晶状体，那它多半是没用的。但眼睛也不需要在诞生之初就具有现

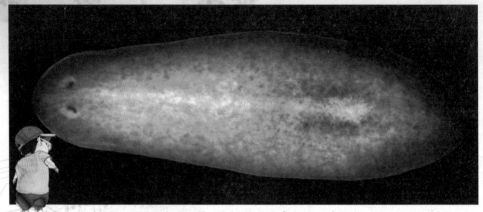

早期的眼睛——只是一些感光的凹槽

在这样高级的形态，或许一开始只是一个简单的结构，然后各个方面开始逐步改进，从而适应环境。

　　佩利：即便如此，我仍然不理解，眼睛这么复杂的器官，到底是如何一步一步进化出来的呢？

　　达尔文：好的，我现在就来解释一下。对任何一种眼睛来说，不管是视力好的还是坏的，都必须具备某种功能。当然，视力稍好一点儿会更有用一些。但是，在一个群体中，个体的差异总是存在的，大自然会在这个群体中选择好一点儿的个体，淘汰差一点儿的。因此，从最原始的、低级的阶段开始，眼睛功能的每一次微小的改善都可以被保留下来。经过多次平稳的、连续的中间过渡，最终造就出越来越完

枪乌贼的眼睛已经十分精密

善的眼睛。正是很小的差异，经过长时间的筛选和积累，完成了眼睛从低级到高级的进化。至于进化中间的产物会是什么样的，或许难以想象，但这并不能证明不存在中间产物。

　　佩利：达尔文先生，我觉得你的论证很有道理，唯一的问题是，到目前为止，

这些仅仅只是推理。进化论是一门自然科学，和宗教信仰不同，自然科学是讲证据的，你有证据证明眼睛进化的过程吗？

达尔文：不好意思，这个，真的有。对动物界的研究证明了，眼睛正是从像蠕虫一样的微小动物身体表面的原始感光细胞，经过扇贝的照相机样眼睛，进化成为现在这样的高级光学仪器的。在动物的各个门类中，你都可以找到一系列处于中间状态的眼睛。

在许多无脊椎动物中，能够形成图像的眼睛已经各自独立地、从头开始进化了40～60次。在这40次以上的独立进化中，至少发现了9种有明显区别的眼睛，包括针孔式眼睛、照相机镜头式眼睛、反射曲面式眼睛，以及好几种复眼。

进化的高级产物——人类的眼睛

佩利：达尔文先生，也许你的这些说明是对的。但我还有一个非常重要的问题想问你：你认为，完美的眼睛是从一个对光略有敏感的细胞进化而来的。那么，这种进化需要经过多少代？眼睛有足够的时间从什么都没有开始，进化到现在这样精密的程度吗？

达尔文：佩利先生，我可以向你介绍一项由瑞典科学家完成的研究。他们设计了眼睛进化的计算机模型。在做出各种保守的假设后，得到了一层普通表皮进化到鱼眼所用的时间：不到40万代。这些小动物可以一年就进化一代，因此，进化到优良的"照相机式眼睛"所需时间不足40万年。眼睛进化所需的时间，根本就没有人们想象的那么久。地球已经存在了46亿年，相对地球的年龄，进化出眼睛所需的时间简直太短了，像人眼这样复杂的眼睛绝对有足够的时间进化。

佩利：达尔文先生，如果你提到的证据是真实的话，那么我承认，你的进化论确实有道理。对于这些，我会进一步分析和验证，以便下次和你探讨。等等——计算机模型是个什么鬼？

现在，你知道眼睛是怎么进化来的吧？

达尔文：对不起，佩利先生，为了提供证据，我穿越了……

现代科学研究为达尔文和佩利的这场虚构的辩论提供了很多证据。现在的人们对于眼睛的进化过程已经基本达成了共识。

眼睛的进化

感光细胞在一些多细胞生物里就有了，有了感光细胞的生物更容易分辨黑夜和白天，并找到阳光来进行基本的光合作用。因此，它们的生存能力比没有感光细胞的生物更强，感光细胞的这个突变就被自然保留了下来。

最早的眼睛，只是两块感光细胞聚集成的斑点，只能感光，不能辨别光的方向。然后，一些生物进化出了内陷的杯形眼，当然这种眼睛和现代完善的眼睛差别很大，它们只是身体表面的一处内陷的视觉神经。这种结构的优点是能够限制光线的进入，这样生物就能辨别光的方向了。

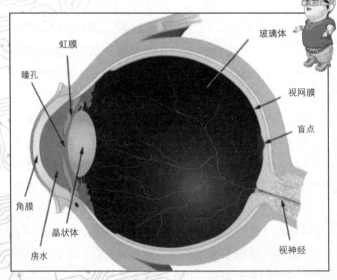

慢慢的，一些生物的杯形眼越来越深，杯口越来越小，最后演变成了一个眼腔，于是针孔成像式的眼睛出现了（比如鹦鹉螺）。在进化过程中，一部分空腔渐渐被透明的组织填满，这样的组织恰好起了保护视网膜、防止感染的作用。也许存在过空腔里没有透明组织的生物，不过他们因为容易被感染，生存和繁殖下一代的几率比空腔里有透明组织的生物小，所以就逐渐灭绝了。

最后，从填满空腔的透明组织内分化出了玻璃体、晶状体，眼球也越变越复杂。

你随身携带的高级光学仪器——眼睛

人的眼睛是一部十分复杂和精密的机器，主要包括角膜、房水、瞳孔、虹膜、晶状体、玻璃体、视网膜和视神经等，下面我们就来看看它们是如何工作的。

角膜：眼睛最前面的透明部分，覆盖虹膜、瞳孔及前房，它和晶体一起，把光线聚焦在视网膜上构成影像。角膜十分敏感，如果碰到异物比如沙子，你就会不由自主地眨眼来保护它（电视中常常提到捐献角膜，说的就是它）。

房水：是无色透明的液体，充满前房和后房，用来给角膜提供营养，并维持眼内压力（如果没有它，你的角膜就会被外部的空气压得凹陷进去哦）。

虹膜和瞳孔：位于眼球中层、虹膜中心的小圆孔瞳孔，是光线进入眼睛的通道。虹膜上平滑肌的伸缩，可以使瞳孔的口径缩小或放大，控制进入瞳孔的光量。（多数脊椎动物的瞳孔无论扩大或缩小时都是圆形的，但狐狸和猫的瞳孔收缩时会变成椭圆状，像一条缝。如果你抓一只猫，用手电筒照它的眼睛，就可以看到。但是出于猫道主义考虑，建议你不要这么做。）

晶状体：位于虹膜后面，玻璃体前面，借助悬韧带与睫状体相联系，是富有弹性的透明组织，可以进一步聚焦光线。

玻璃体：无色透明胶状体，充满晶状体后面的空腔里，除了聚焦光线外，还能对视网膜起到重要的支撑作用（否则视网膜就可能脱落，你就得红着眼去医院做激光手术）。

视网膜：含有可以感受光的视杆细胞和视锥细胞。这些细胞将它们感受到的光转化为神经信号，通过视神经传递给大脑。

盲点：视网膜上没有视觉细胞的地方，光线落在这个地方你就会看不到它。

眼睛看见东西的过程是非常复杂的，当你看见一个物体时，首先，要有从它那儿来的光线先后经过角膜、晶状体、瞳孔、玻璃体的汇聚，最后到达视网膜上。这时，视网膜的各种神经细胞马上开始忙碌起来，分别对物体的形状、颜色、明暗程度和立体信息等进行处理，然后把这些信息转变为神经信号，通过视神经传递给大脑。大脑这才"看"到了物体。所有这些复杂的化学反应都是在瞬间完成的，而且只要你睁着眼睛，这些化学反应每时每刻都在发生。

魔法物理学

所以,我们能够看见世界,是因为我们进化出了高级的光学仪器——眼睛。是的,但不仅仅是这样。为什么这么说呢?因为,只是有光进入眼睛的话,我们只能够感觉到光线,并不能识别出图像。是光施展了一些神奇的魔法,才让我们能够看见图像。并且,因为光的魔法,我们还能看见一些奇怪的东西。

以下哪些是我们确确实实能够看见的奇怪东西?

A. 在中国的峨眉山顶,午后可以看见佛光。

B. 在德国的布罗肯山,傍晚可以看见幽灵。

C. 在美国的十字路口,深夜可以看见恶魔。

答案是:A 和 B。你答对了吗?如果你选了 C,可能是看了太多鬼怪故事啦!恶魔的身影只存在于幻想中,没有人真正看到过,如果你哪天看到了,请一定记得拍照给我哦!

奇怪的东西之——神奇的"佛光"

中国的西南边有一座佛教名山——峨眉山。太阳出来的午后,当你站在峨眉山的山顶——金顶的时候,背向太阳,就可能在前下方的天幕上看到一个外红内紫的彩色光环,中间显现出一个人影。你动,人影也跟着你动;你离开,人影就消失。这就是传说中的"佛光"。可能还会有一个老和尚模样的人走过来,拍拍你的肩膀说:"小兄弟,我看你骨骼清奇,连难得一见的'佛光'都被你见到了,真是佛祖的有缘人啊,不如来抽一根签吧……"这时,你是大喜过望随他而去,还是捂着你的钱包挥手离去呢?神奇的"佛光"到底是什么东西呢?

神奇的佛光

布罗肯山幽灵

佛经中说，佛光是佛祖释迦牟尼眉宇间放射出来的光芒。如果你看到佛光，便是佛祖在显灵。而现在，我们总算知道了佛光是怎么形成的，这就是光的小小魔术。当高山上云层变得很低、阳光照在云雾表面时，光就会进行各种反射，通过云彩中细小的冰晶与水滴形成独特的圆圈形彩虹，这就是佛光。如果这时你正好登山观光，身体挡住了太阳的光线，阳光就把你的影子投射到云彩上，形成一个人影。

以前，人们以为那是佛祖的影子，其实，那只是你自己的身影。所以，当你看完佛光后碰到一个老和尚，你可以对他说："我能看到佛光，只是因为今天的天气和我的运气不错啦……谢谢佛祖，再见！"

同样的道理，在德国哈尔茨山中的最高峰布罗肯山，当太阳落山的时候，登山者也可能看到身后的云层中有巨大的黑色怪影，像幽灵一样轻飘飘地尾随着他。如果他不知道光影的魔术，多半也会被吓得不轻呢！

如何在不破坏的情况下，把一支铅笔变成两截呢？

别着急，万能的光会帮助你。现在我们就来做这个简单的实验。

实验道具：透明玻璃杯、铅笔、水。

实验步骤：1. 玻璃杯装满水，铅笔放入水中；

2. 从侧面观察铅笔；

3. 从水中取出铅笔，看看铅笔是否完好。

如果你按照上述步骤进行的话，你会发现，在水中，铅笔真的变成了两截，而从水中拿出来后，铅笔依然完好，除了变得湿淋淋的，不能马上在纸上写字以外，

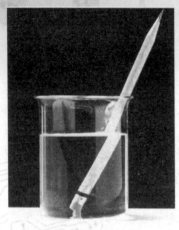

唉，是我的眼花了吗

没有任何改变。

这到底是怎么回事呢？当然，还是光在捉弄我们。不过人类早就知道了光的性格和喜欢耍的一些小把戏。比如：

光很懒，能走直路绝对不会走弯路；

光很灵活，遇到不同的东西挡住了路，就会改变方向继续走；

光很聪明，如果实在走不过去，它就不假思索，掉头就跑。

科学家把这些特性总结为光的三个传播规律（是的，你没看错，又是三个）。

我们看到自己的影子，看到布罗肯山的幽灵，是因为光总是沿着直接传播，当人的身体阻挡了阳光，在阳光照不到的地方，就会出现人的影子；我们能够看到佛光，看到镜子里的自己，是因为光会反射；而铅笔在水中被"折断"成两截，是因为光在水中发生了折射，反射到我们眼中的时候，水中的铅笔就变短了。实际上，眼睛能够看见东西，不仅仅是因为光进入了我们的眼睛，还因为光在进入眼睛之后发生了折射，使得眼睛能够把光线聚集起来，否则，我们看到的就是一片白茫茫的亮光，而不是现在这样清晰的图景了。

我们看到的星星的鬼魂，看到镜子里面的自己，只是光在展示它的一些简单的魔法。利用这些简单的魔法，理论上来说，就可以变化出一些更加高级的魔法。比如下边这个

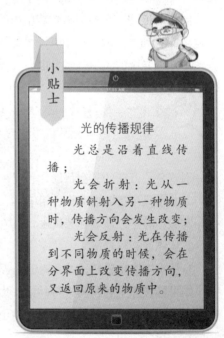

小贴士

光的传播规律

光总是沿着直线传播；

光会折射：光从一种物质斜射入另一种物质时，传播方向会发生改变；

光会反射：光在传播到不同物质的时候，会在分界面上改变传播方向，又返回原来的物质中。

在任何地方都看不到的电视——天文电视。

天文电视

我们地球的已知年龄是46亿年，地球是怎么诞生的，又是怎么演变成现在这个样子的呢？研究地球历史的科学家们很伤脑筋，他们只能通过分析化石、研究地质结构来猜测。有了光的魔法，理论上，科学家们就可以直接看到46亿年前的地球了。

他们怎么做呢？只需要让地球照照镜子：在离地球23亿光年外、能够看到地球的地方，放一面足够大的镜子，或者任何光的反射装置。地球诞生之初，也就是46亿年前的地球发出的光线跑啊跑，跑了23亿年，到达镜子，镜子再把它反射回地球，当然，也需

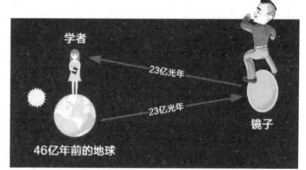

脑洞大开的"天文电视机"原理图

要23亿年，这时，地球也已经经过了46亿年，来到了现在。科学家只需要坐在家里，就可以收看"天文电视机"发送过来的地球图像，直接记录并研究46亿年前地球在婴儿时期的样子，是不是很厉害？

当然，如果科学家们想要看到年纪更大一些的地球，只需要调整镜子离地球的距离就可以啦！

遗憾的是，"天文电视机"只存在理论上的可能，实际上几乎是不会实现的，因为没有地球人能够在那么远的地方放上那样一面镜子。能够思考的人类在500万年前才刚刚诞生，那个时候，46亿年前地球才刚刚诞生于水火之中，根本就没有能够使用镜子的人类存在。除非有外星人能在23亿年前的23亿光年外，在地球还没形成的时候，就突然心有灵犀地想要放上一面镜子，给未来地球上不知道会不会出现的智能生物看。当然，如果外星人考虑到可以向地球人收取收视费的话，还是有可能这么做的。

刺眼的阳光

除了"天文电视"这种利用光速和光的反射来进行的异想天开的试验，光还有没有什么比较切实可行一点儿的魔法呢？

19世纪的天文学家威廉·赫歇尔说："这个，真的有。"只要你像他一样，对光足够着迷。

你可能会说，我对光很着迷呀，比小猫还着迷。我可以盯着太阳光一整天！哦不，你确定你看的是太阳而不是你家的电灯泡吗？太阳发出的光十分刺眼，没有人可以一直盯着太阳而不受到伤害，除非你戴着太阳镜或者用相机胶卷一类的东西挡在你和太阳的中间。眼睛直接看太阳，可不是研究光的正确方式。赫歇尔同学就很爱研究光，不过，他比较聪明，他用各种各样的小道具，而不是自己的眼睛来折磨光。三棱镜是他最喜欢的道具之一。

 你能把天上的彩虹请进家里吗？

把彩虹请进家

如果你想跟赫歇尔做同一个试验的话，可以准备一个玻璃三棱镜和一张纸，选择一个阳光明媚的周末，在太阳直射你家窗户的时候，把窗帘拉得严严实实。然后，在窗帘上偷偷戳一个小洞（窗帘必须是遮光帘，并且你得确保，妈妈发现后不会打你的屁股）。这时，可以看到一束细细的白光通过小洞进入了房间。把三棱镜的一边对准白光，另一

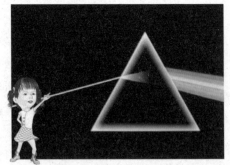

三棱镜可以分解白光

边放在纸上。你看到了什么？是不是一道小小的彩虹？

科学家推断，白光是由不同颜色的光组成的，而这些不同颜色的光在穿透物质时，前进速度不同。在彩虹最上端的红光最快，最下端的紫光最慢。因此，在穿过棱镜后红光折射的程度比紫光小，就产生了各色光的排列（科学家称之为"光谱"）。

可见光的光谱

为什么白色的光在通过一个三棱镜后，会变成一道彩虹呢？

家里的彩虹

所有颜色的光在真空中的速度都一样，但是在其他物质中的速度要低一些。在某些物质中，不同频率的光行进的速度并无差别，但在另一些物质，比如玻璃中，不同频率的光有不同的行进速度，所以玻璃棱镜能把白光分解出来。我们看到雨后天边的彩虹，也是光的折射施展出来的魔法。

家里的彩虹是不是很有意思呢？等等，这个试验里光的魔法还没有结束呢。赫歇尔是个不追根问底不罢休的人，他想要进一步研究这些不同颜色的光。他想：它们颜色不一样，是不是温度也不一样呢？是红光更热还是紫光更热呢？于是，他在每种颜色的光照射的位置，分别放上了一只温度计。作为对比，他在光线照不到的地方也放上了温度计。

过了一会儿，赫歇尔回来查看温度计。他看到，红光所在的温度计比紫光所在

比红光更红的红外线

的温度计显示的温度更高，而有光的地方比没有光的地方高，这印证了他的猜想。可是，奇怪的事情出现了，在红光旁边没有光照的地方，温度计显示的读数居然比红光照射的地方更高！按理说，没有光照的地方温度应该比有光照的地方更低才对，是哪里出错了吗？赫歇尔把这个实验反复做了好几遍，结果都是一样。他大胆地猜想：难道红光的旁边还有肉眼看不见的光？

是的，赫歇尔猜对了，光的特质出卖了它自己。人们发现：不是所有的光都能被看见！赫歇尔用一个三棱镜和一堆温度计抓住的，就是现在我们十分熟悉的"红外线"。一年以后，藏得更深一点儿的紫外线也被德国物理学家里特发现了。

所以，晒太阳很重要，不过晒太阳之前一定要记得涂防晒霜哦！

自 1671 年牛顿在他的光学试验中发现了"光谱"以来，科学的发展让人们越来越

小贴士

红外线

红外线是太阳光中众多不可见光线中的一种，由英国科学家赫歇尔于 1800 年发现，又称为红外热辐射。红外线很热，穿透云雾的能力强。我们可以用它来烧烤食物，发现导弹的轨迹，以及发现看不见的新的天体。

小贴士

紫外线

紫外线也是不可见光中的一种，自然界的主要紫外线光源是太阳，太阳光透过大气层时，大部分紫外线会被大气层中的臭氧吸收掉。紫外线可以消毒杀菌、促进骨骼发育。但是，紫外线也会使皮肤老化，严重时会引起皮肤癌。

意识到，人眼可见光的范围极其有限，如今，人们已经可以通过仪器观察到超出可见光谱的光线。现代的一项研究还发现，通过特殊的刺激，可以让人的眼睛在短时间内看到超出正常可见范围的激光。这一瞬间的改变，会给人们带来什么呢？

紫外线还可以用来杀灭细菌

看见不一样的世界

美国华盛顿大学圣路易斯医学院的一支国际科学家小组，利用老鼠和人类的视网膜细胞，以及能够释放红外光脉冲的强大激光，发现当激光高速发送脉冲时，视网膜里的感光细胞有时候能够接收到红外能量的击打。也就是说，当这一情况发生时，人眼能够检测位于可见光范围以外的光。

各种各样的光

魔法物理学

各种各样的光

科学家们不仅仅满足于使用仪器来制造短暂的"超能"视觉。一个科研团队利用改变营养吸收的方式来提升人类的视力界限，达到近红外线的水平。这个团队在实验对象的饮食中限制维他命 A1 的摄取量，同时增加维他命 A2 的吸收，结果实验对象的眼睛开始对近红外线有了感觉。

这样发展下去，会不会有一天，人类的眼睛经过改良，可以看见本来看不见的东西呢？人类能够看见的世界已经十分丰富多彩了，也许看见得更多，并不完全是一件好事。不过，科学家们有不同意见："在那个肉眼不可见的世界，未必人们会觉得美好。但是有些生物可能本身发出的是红外光，如果眼睛可以捕捉到红外光，那么它的世界可能会大不一样。"

说了这么多光的魔法，也看过了各种各样的光，你有想过光到底是什么吗？请做选择题：

A. 光是一种现象，就像火一样。

B. 光是一种物质，就像水一样。

C. 光是一种能量，就像热一样。

你是不是隐约觉得 A、B 和 C 都对，也都不对？是的，光实在是最神奇的一种存在了。难怪上帝在创造世界的时候说的第一句话就是："要有光。"

当然，上帝也没有说明光到底是什么东西。但现代物理学很早已经确定，光属于一种电磁波。

哦，想一想"光"是什么已经够叫人头疼的了，电磁波又是什么鬼东西呢？只看电磁波的名片的话你多半不会明白，不信你看看——

怎么样，越看越迷糊了吧？其实，电磁波无处不在，你可以把它理解成一种辐射，就像火堆旁边会感觉到热，是因为热辐射到身上了一样，只要是自身温度大于绝对零度的物体，都会发射电磁辐射，辐射的就是"电磁波"。上一章说到的热力学第三定律告诉我们，世界上并不存在温度等于或低于绝对零度的物体，因此，所有的物体每时每刻都在进行着电磁辐射，发射着电磁波。我们看得见的阳光是电磁波，看不见的红外线和紫外线也是电磁波。

从科学的角度来说，电磁波是一种能量，所有温度高于绝对零度的物体都会释放能量，其中就包括电磁波。物体的温度越高，放出的电磁波的波长就越短。

就像我们一直生活在空气中却看不见空气一样，绝大多数的电磁波我们无法看见，虽然它们无处不在。

小贴士

电磁波的名片

电磁波，是一种电磁辐射，是由同相振荡且互相垂直的电场与磁场在空间中以波的形式传递能量和动量，其传播方向垂直于电场与磁场构成的平面。电磁辐射的载体为光子，不需要依靠介质传播，在真空中的传播速度为光速。电磁辐射可按照频率分类，从低频率到高频率，主要包括无线电波、微波、红外线、可见光、紫外线、X射线和伽马射线。

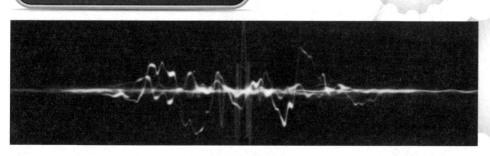

律动的电磁波

魔法物理学

你知道的，我们有一种用来发现看不见东西的魔法——物理实验。我们看不见红外线和紫外线，但是通过简单的实验就可以确定它们的存在。而范围更广的其他电磁波也是同样的道理，一个更加简单的实验就证明它们不是人类幻想出来的东西。

既然大多数电磁波人类几乎看不到，那我们是怎么知道它确实存在呢？

一个简单的实验证明电磁波存在

实验器材：手机一部。

实验步骤：1. 打开通讯录，找到你喜欢的女生（或者男生）的电话号码；

2. 拨通这个电话号码；

3. 与该女生（或者男生）进行亲切友好的交谈，时间不限；

4. 互相道别，挂断电话；

5. 如果该女生（或者男生）正好在你身边，请换另外一个你中意的号码，进行上述操作。

电磁波通信

实验现象：通过手机，不在一起的人也可以互相说话。

实验分析：在相距很远的情况下，通过空气传播声音是不可能的，唯一的情况就是有某种其他的物质在传播声音，这种物质就是电磁波。

可是，怎么能够确定这种物质就是电磁波呢，不能是其他别的东西吗？因为实际上，科学家就是用电磁波来实现远距离通讯的。

首先，你得承认，"电"是一种确实存在的东西吧？在干燥的冬夜，睡觉前脱

大自然制造的闪电

掉身上的毛衣时，能看见黑暗里有蓝白色的电光产生，前提是你得关灯。闷热的夏夜，轰隆隆的雷声之前常常伴随着刺眼的闪电，当新闻报道雷电击穿树木，或者击中行人的时候，你可能会对它的威力感到十分恐惧。同样，磁石能够吸引铁针，还能够互相排斥，也说明"磁"是一种看不见的力量。

原始人都知道，摩擦能产生静电，天然磁石能吸铁，电磁现象早已为人类所发现。可是，一直到19世纪20年代，人们才开始逐步找到电与磁之间的关系。1820年，丹麦物理学家奥斯特发现，当导线中有电流通过时，放在它附近的磁针会发生偏转；学徒出身的英国物理学家法拉第指出，奥斯特的实验说明了电能生磁。他还通过艰苦的实验（你知道的，电可不像光那么容易控制）发现了导线在磁场中运动时会产生电流。这就是所谓的"电磁感应"现象。

磁铁

美妙的发现——"电磁感应"实验

在一个空心纸筒上绕上一组和电流计连接的导体线圈，当磁棒插进线圈中时，电流计的指针发生了偏转，而在磁棒从线圈内抽出的过程中，电流计的指针则发生反方向的偏转，磁棒插进或抽出线圈的速度越快，电流计偏转的角度越大。但是当磁棒不动时，电流计的指针不会偏转。

对于线圈来说，运动的磁棒意味着它周围的磁场发生了变化，从而使线圈感生出电流。法拉第终于实现了他多年的梦想——用磁的运动产生电！奥斯特和法拉第的发现深刻地揭示了一组极其美妙的物理对称性：运动的电产生磁，运动的磁产生电。

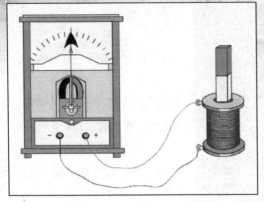

电磁感应实验

不仅磁棒与线圈的相对运动可以使线圈出现感应电流，一个线圈中的电流发生了变化，也可以使另一个线圈出现感应电流。

电和磁，可以在周围的空间产生电场和磁场。而符合特定条件的电场与磁场在空间中交汇，就会发射出电磁波。电磁波像水波一样，同时携带着能量。当然，只有处于可见光频域以内的电磁波，才可以被人们肉眼看到。肉眼可见的电磁波，被称为"可见光"。当然，可见光只是针对人类的眼睛，不少其他生物能看见的光波范围跟人类不一样，比如包括蜜蜂在内的一些昆虫能看见紫外线，可以帮助它们寻找到花蜜。

1887 年，德国物理学家赫兹用实验证实了电磁波的存在。之后的 1898 年，马可尼又进行了许多实验，不仅证明光是一种电磁波，而且发现了更多形式的电磁波，它们的本质完全相同，只是波长和频率有很大的差别。可以说，仅仅是因为波长的差别，造

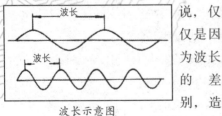

波长示意图

小贴士

可见光

可见光是人眼可接收到的电磁辐射，波长大约在 380 nm 到 780 nm 之间。

正常视力的人眼对波长约为 555 nm 的电磁波最为敏感，这种电磁波就是绿光。人眼可以看见的光的范围受大气层影响。大气层对于大部分的电磁波辐射来讲都是不透明的，只有可见光波段和其他少数如无线电通讯波段等可以穿透大气层。

成了不同的光表现和特点的巨大差别。

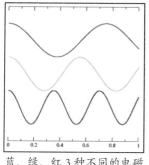

蓝、绿、红3种不同的电磁波的波长

把电磁波按照波长从大到小，或者频率从小到大的顺序进行排列，就得到了电磁波的频谱图。这个频谱中，可见光占据的面积很小，如果把可见光展开，你就又一次看到了彩虹。

小贴士

波长和频率

电磁波的变化是周期性的，就像地球绕着太阳转一样，隔一段时间就会回到原点。波长指的是电磁波完成一次周期性变化所经过的距离，你可以把它简单理解为电磁波的两个波峰之间的距离；频率就是电磁波在一个单位时间（比如每秒、每分钟等）内，完成周期性变化的次数。所以，波长越大，频率越低；波长越小，频率越高。

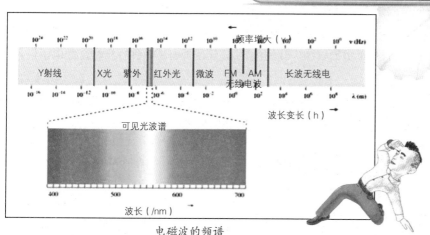

电磁波的频谱

魔法物理学

从电磁波的频谱图可以发现，人的眼睛一般能够看到可见光的范围极其有限，仅局限于波长范围 390~700 nm 之间，属于电磁波的一个十分狭小的区间。而在这个庞大的家族中，还有很多是肉眼不可见光，比如红外光、紫外光、X 光、微波、无线电等。X 光在医院的放

射室里，体检的时候为你的内脏和骨骼拍照；微波在你家的微波炉中，勤勤恳恳地为全家加热食物；无线电波在你的电视机、车载电台，以及收音机收听的广播里，向你传送音乐和图像节目⋯⋯这样看来，电磁波不仅在自然界无处不在，被人类发现和利用后，在现代高科技生活中也威力无边，已经变成我们离不开的朋友了！不过，研究表明，电磁辐射也有一定的危害，所以，你可千万不能经常去照 X 光，待在工作着的微波炉旁边，或者长时间地看电视、打电话呢！

对光的好奇，让我们发现了在眼皮底下隐藏了几千年的电磁波；对电磁波的好奇，让人类不仅看见了更加更加广阔的世界，还顺便拥有了各种各样神奇的电子设备。

如果把一台电视机、收音机或者手机传送去古代，古代的人会不会认为这些都是恐怖的魔法而惊恐万分呢？要知道，当照相机刚刚被发明的时候，很多人还以为它是巫术，会把魂魄拍走，而不敢去照相呢！

答案是：不会的。因为古代没有供电局，也没有电池，这些设备通通都运转不起来。

六、时空旅行

本书是一本严肃讨论"魔法"物理学的著作，绝不收录那些不是真正魔法的物理学理论。可是，刚才我们居然提到了"穿越"这个词？那不是在穿着清朝服装的电视剧里才会出现的吗？当然，哆啦A梦的时光机也有这个功能，可那也只是动画片而已，都是不可能实现的幻想呀！

哆啦A梦的时光机

如果告诉你，在我们的魔法物理宝典中，真的有专门介绍"时光机器"的一章，能告诉你完成时空旅行的具体方法，你会不会半信半疑？

欢迎进入时空之旅，我们会好好向你解释时空机器是怎么回事。这一回，可不是电视剧或者漫画，而是真的时空旅行哦！

插问：在接下来的时空旅行中，以下哪一个魔法是不可能实现的？

A. 穿越到未来

B. 穿越回过去

C. 让时间停止

D. 把时间变成空间，把空间变成时间

请注意，只有一条是不可能实现的哦。答案在你看完本章后揭晓。首先，让我们来想一个问题。想这个问题不需要使用任何工具，或者进行任何实验，只需要稍稍动一下脑子。

时间是什么？

时间是什么？

你可能已经发现了，要回答"星星是什么""树木是什么"这些问题很容易，回答"距离是什么""光是什么"好像也不是太难，可是却很难确切地说出"时间是什么"。有人说，时间是钟表上滴滴答答的指针，或者老人脸上的皱纹，可是这些说法并没有什么实际的意义。

我们每个人都活在时间里，每件事物都存在于时间里。时间就像波浪一样，推着我们前进，让婴儿出生、树木生长、让石头风化、星星老去。太阳升起落下又升起是一天，地球绕着太阳转一圈是一年。所有的事物都看得到它在时间里的变化，可是时间它自己到底是什么呢？也许你会说，不知道时间是什么没关系，我们只要知

时间的流逝

道时间是永恒不变的就可以了。时间和空间一样，是发生所有事情的背景舞台，这

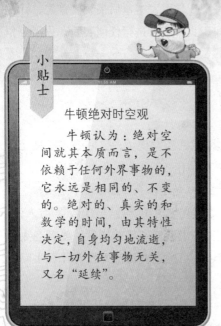

小贴士

牛顿绝对时空观

牛顿认为：绝对空间就其本质而言，是不依赖于任何外界事物的，它永远是相同的、不变的。绝对的、真实的和数学的时间，由其特性决定，自身均匀地流逝，与一切外在事物无关，又名"延续"。

个舞台上上演的一切都会变化，但是时空本身是不会改变的。

如果你的回答是这样的话，恭喜你，你和伟大的物理学家牛顿的看法一样。不过，我不得不遗憾地告诉你：牛顿的看法是错的。这种错误有一个名字：牛顿绝对时空观。你看，当一个人足够有名的时候，如果他发现了什么定律，人们会用他的名字来命名这个定律，如果他犯了一个错，人们也会用他的名字来命名这个错误。

实际上，作为一个科学家，牛顿是第一个认真严肃阐述这个错误的人。在《自然哲学的数学原理》一书中，牛顿对绝对时间和绝对空间作了明确的表述。牛顿认为，时间和空间与观测者的运动状态无关。这就是"绝对时空观"中"绝对"的意思。

其实，17世纪的牛顿并没犯什么特别的错误，只不过把他那个时代和之前所有的哲学家、物理学家以及普通人对时空共同的看法，用科学的语言复述了一遍而已。那个时代的物理学家们通常认为：时间是一个基本的物理量，用来衡量事情发生的先后顺序和先后的程度。也就是说，时间就像一把坚固的尺子一样，可以作为衡量其他事物的标准。在牛顿的三大定律里，时间就是一个重要的参数。就像《物理世界奇遇记》里面所说的："过去，人们极其坚定地相信这些古典的时空概念是绝对正确的，因此，哲学家们常常把它们看做某种先进的东西，而科学家们连想也没有想到可能有人对这些概念产生怀疑。"

可是，当"时间"进入20世纪初，人们对一些物质，比如光的认识比17世纪更多了。同时，出现了另一位伟大的物理学家，他就是在德国出生的犹太人——阿尔伯特·爱因斯坦老爷爷。爱因斯坦爷爷发现，当时科学家们对光的了解跟牛顿的运动定律和他对时间的看法有着十分明显的矛盾。

插问　对时间的看法，跟光又有什么关系呢？

这里面的奥妙其实挺难懂的，需要稍微聪明一点儿的脑袋认真想一想，才能搞得明白。

首先，物理学家们通过实验，发现了一件现在已经成为常识的事情——光的速度。你也许会问，光的速度不就是真空中每秒30万千米吗，这有什么稀奇的？稀奇的地方就在于，这个速度是我们这个宇宙所能达到的最快的速度，没有任何物体的速度能够超过它。并且，无论是在地面上测，还是在火车上测，光在真空中的

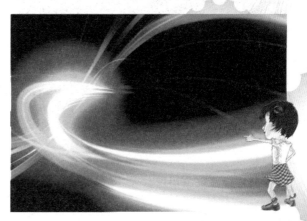

光是世界上跑得最快的东西

速度都是每秒 30 万千米，不会发生一丝一毫的变化。这说明了什么呢？

宇宙速度极限——光速

"光速是一切可能的物理速度的上限"这个结论，主要是从美国物理学家迈克耳孙和莫利的实验得出的。19 世纪末，他们千方百计想观察地球的运动对光的传播速度的影响。但是，迈克耳孙和莫利却发现，地球的运动对光速根本没有任何影响，不管在哪一个方向上，光的速度都是完全相等的。这个发现使他们和整个科学界都大吃一惊。后面的大量实验证明：不管观察者在做什么运动（比如我们就是从运动中的地球上进行观察的），也不管光源在做什么运动（比如观察的是从运动中的某一种粒子——π 介子发出的光），光在真空中的速度总是固定不变的。

为什么没有任何物体的速度能够超过光速呢？

在运动的火车上运动会怎么样

按照常理，把几个比光速小一些的速度加在一起，不就有可能超过光速了吗？比如，我们在飞驰的火车上向前奔跑，我们相对于地面的速度，就应该等于火车的速度加上跑步的速度呀！但是，实际情况是：无法通过速度的叠加来超过光速！按照我们坚信的"速度相加"的原则，如果光速是 4，火车的速度是 3，跑步的速度也是 3，那我们最终相对于地面的速度就应该是 6。可是实验十分清楚地表明：在这种情况下，叠加后我们的速度仍然小于 4，也就是仍然小于光速！无论怎么设计，也没有任何速度能够超过光速。

3加3居然比4还小！这不是太奇怪了吗？幼儿园的小朋友掰着一只手的手指头都能发现这是错的，科学家们竟然不知道？其实，科学家们知道得更多。他们破解了速度合成的密码，发现了一个重要的事实：

速度的合成，并不是按照简单的加法来进行的！

也就是说，当一个速度加上另外一个速度，大自然并不是把它们直接相加在一起，而是用了一个稍微复杂一点儿的公式。在这个公式里，两个速度叠加在一起后算出来的速度永远比把它们直接相加要小！可是，为什么我们以前没发现呢？因为之前科学家们研究的物体运动速度相比光速来说，实在是太小了，在那么低的速度下，用大自然的正确公式来算，和用人类的错误公式来算，算出来的结果差异也十分微小，几乎不可能被发现。但是，当速度提高到光速，或者接近光速的时候，两个公式算出来的结果差异就非常大、非常明显了。不信的话，你可以按照正确的公式自己算一算，当然，如果你还没有学到乘除法，也可以请父母或者老师来帮你计算哦！

正确的速度合成公式：

v：火车的速度，w：跑步的速度，c^2：光速乘以光速；vw：火车的速度×跑步的速度。

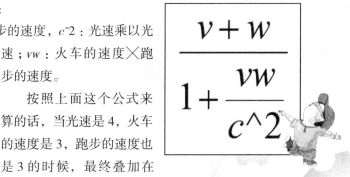

$$\frac{v+w}{1+\dfrac{vw}{c^2}}$$

按照上面这个公式来算的话，当光速是4，火车的速度是3，跑步的速度也是3的时候，最终叠加在一起的速度是3.84，确实比光速小一点儿呢！

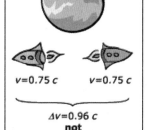

两个速度是光速 0.75 倍的火箭速度叠加后，速度是光速的 0.96 倍

真是太奇怪了，大自然怎么会用这么复杂的方式来合成速度呢，它是一个数学家吗？或者，大自然为什么不用别的公式，而是用这一个特定的公式来合成速度呢？我们不知道，但是可以想象一下，也许是因为我们能够达到的速度太低了，所以感受到的就是"1+1=2"的速度

叠加方式。如果存在着一种能够以接近光速的速度飞快穿梭的智慧生物，我们姑且叫他"光速冲浪者"吧，也许他们不需要艰苦的研究，就能感知到速度叠加的正确方式，对他们来说，速度本来就是按照那个公式来合成的，就跟我们认为速度叠加应该是"1+1=2"那么自然！

作为可悲的低速生物，人类怎么知道这个公式是正确的呢？

答案仍然是：大量的实验。这个公式，本来就是从实验中破解出来的，而当人类有能力进行越来越精确的实验和测量的时候，所有的实验都不断地证明了这个公式是正确的。

好吧，现在我们承认光速是不可超越的，反正光速对于我们来说实在是太快了，就算老老实实地待在自己的低速空间里，也一点儿都不影响我们的生活、学习和玩耍嘛！这个想法当然没问题，不过，你有没有想过一个可怕的问题，存在着一个不可超越的最高速度，这意味着什么呢？爱因斯坦先生想过了并且告诉我们：光速不仅是我们这个宇宙在速度上无法破解的魔咒，光速不变的定理证明了时间是一种幻象，对时间的感觉只是人类主观的感受，并没有客观存在的价值，也就是说，时间并不是一把尺子，也不能充当任何标准，时间只是大自然给我们开的一个小小的玩笑！

爱因斯坦到底在说什么呢？下面就是解密的时刻。我们先来看一个用光速揭开时间幻象的实验——到底谁的时间是对的？

永远对不准的表——到底谁的时间是对的

实验环境：

什么都没有的真空中（啊，好黑好冷啊……）。

实验道具：

1. 2 艘飞船："我想动动"号和"我想静静"号。飞船中间是可以发光的感应杆。

2. 4 只一模一样、计时准确的手表。

3. 4 个神志清醒、四肢健全、乐意配合的小朋友：小红、小绿、小黄和小黑。

实验步骤：

1. 每个小朋友拿着一只电子表，分别站在飞船的两端，离感应杆的距离相等。他们瞪大眼睛，专注地看着感应杆。此时，飞船静止，并排停着。

2. 四个小朋友把他们的表对准，以确保实验对于他们来说是同时开始的。他们怎么做呢？首先，他们按下遥控器，让两只感应杆同时发光。由于光到每个人的距离是一样的，光速也是一样的，所以，光到达每个人所用的时间都是一样的。为了方便计算，我们把光到达所用的时间定为 1 秒钟。1 秒

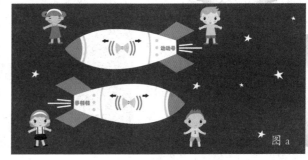

图 a

小朋友们对准表，准备实验

钟后，光到达了每个人的眼睛，大家立刻按下表，把时间调到 0 点，作为实验的开始时间。这时，四只表就对准了。对每一个人来说，实验就"同时"开始了。

3. 好了，现在表对准了。重启两艘飞船上的感应杆，让它在表对准的一刻再次发射出光信号。你也许会说，这个难度太大了吧，操作能这么精确吗？请注意，这是一个思想实验！在思想实验中，理论上可以做到的，我们都当它能够实现。

4. 发出光信号的同时，发动"动动"号飞船，让它朝着右边开去。不一会儿，"动动"号就向右边移动了一段距离。现在我们来分析一下，在这个过程中，光是怎么运动的呢？请牢牢记住，不管在什么地方、如何运动，真空中的光速都是固定不变的。所以，"动动"号动起来后，它上面的光，跟它没开动时候运动的轨迹是一样一样的。也就是说，跟"静静"号上的光信号的运动也是一样的。于是，就会出现

这样的情况：从"静静"号上的小朋友们的角度来看的话，"动动"号上，从感应杆上发出的光到达小绿同学的距离变短了（因为动动号开动后，小绿就跟着向右移动，离发出光的感应杆之间的距离就缩短了），由于光速不变，距离变短，通过这段距离的时间就会变短，所以，光最先到达了小绿的眼睛。小绿看到了光，马上按下电子表。此刻，小绿手上的表会怎么样呢？从小绿自己看来，他和感应杆的距离没有变，光速也没有变，所以时间仍然不会变：他的表显示是 1 秒钟。

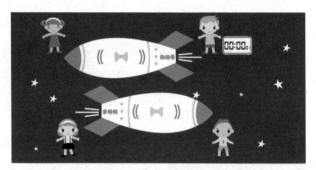

"动动号"飞船，最先到 1 秒钟的是小绿

过了一会儿，小黑和小黄也到了 1 秒钟

5. 可是，此刻，光还没有到达小黄和小黑那里呢！因为，在小黄和小黑看来，他们自己离光信号发出位置的距离是没有变化的，是小绿的距离和时间变短了。所以，对他们来说，光到来的时间会比小绿晚一些。好吧，过了一会儿，光信号终于到了，小黄和小黑立刻按下电子表，毫无意外的，电子表显示的时间也是1秒钟。

6. 在"静静"号的小朋友们按下电子表后，在他们看来，因为距离变长了，这时光还在朝着小红的路上飞奔呢！又过了一会儿，光终于来到小红的眼睛里了。此刻小红按下表，她看到自己表上显示的时间是多少呢？当然，还是1秒钟！

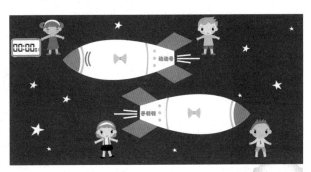

又过了一会儿，小红的表才到1秒钟

为什么飞船一动，表就对不准了，时间也完全不对了呢？

等等！怎么回事！已经完全糊涂了！能再讲一遍吗？

好吧，我们来总结一下，这个实验的结论是：当飞船相对静止不动的时候，4个人的表是可以对准的，他们可以确定一件事情是不是"同时"发生。可是，其中一艘飞船开动后，事情就完全不同了：本来确定无疑是同时发生的事情，变得不是同时

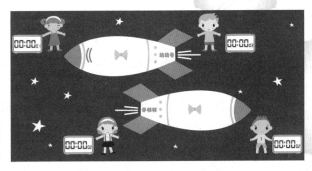

开动飞船后，从静静号上看，4只表只有2只对准了

发生了！每个人的表，再也没办法对准了！

我们再来设想一下，在光速不变的前提下，如果飞船足够长的话，我们可以想象，到小红也按下电子表的时候，如果其他小朋友再次按下表，每个电子表显示的距离光信号发出的时间应该是这样的：

本来，光速和感应杆离每个小朋友的距离都是一样的，既然这样，同时发出的光信号也应该同时到达每个小朋友的眼睛才对。在飞船没有动的时候，确实也是这样的。可是，为什么我们开动其中一艘飞船后，情况就完全变了？是的，我们是动了一下飞船，可是这并没有改变感应杆和小朋友之间的距离，除非有人去压扁它；也没有改变光的速度，因为光速是恒定的，不随光源的运动状态而改变的啊！决定时间的所有因素都没有一丁点儿的改变，时间，怎么就变了呢？

被扭曲的时间

其实，时间没有变，当光到达的时候，每个小朋友手中的表仍然是指向1秒钟的，至少，在他们自己看起来是这样。改变的是另一样东西：在跟自己飞船有着相对运动的、另一艘飞船上的小朋友，他们对于自己飞船上时间的看法。

因为，这两艘飞船的地位是完全平等的，在"静静"号看来，是"动动"号在动，但是，从"动动号"上来看的话，"静静"号也在做同样的相对运动。所以，从他们各自的角度看来，自己的时间没有变，是对方的时间变了；要问究竟哪一方才是"绝对"正确的，其实没有任何物理意义，因为：他们都是正确的。

到这儿为止，你大概有点儿明白了吧？只要存在着相对的运动，就没有"绝对"的时间，只有"相对"的时间。而这件事情，就是爱因斯坦老爷爷提出的伟大的"相对论"想要揭示的时空奥秘。如果你看到这里，并且看懂了的话，恭喜你，你已经

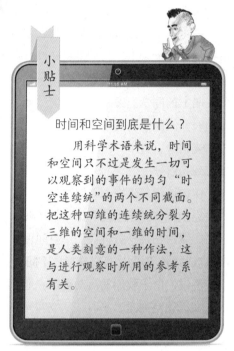

小贴士

时间和空间到底是什么？

用科学术语来说，时间和空间只不过是发生一切可以观察到的事件的均匀"时空连续统"的两个不同截面。把这种四维的连续统分裂为三维的空间和一维的时间，是人类刻意的一种作法，这与进行观察时所用的参考系有关。

掌握了相对论的原理，大部分受过高等教育的成年人，都不一定知道这个关于时空的秘密呢！原来，时间，只是非常私人的一种感觉，或者说，是一种幻觉。这个真相是不是颠覆了你对时间的看法？

让我们再深入一点儿。从这个实验中，天才爱因斯坦还想到了更多，比如：时间和空间是如此紧密地联系在一起，所以，时间和空间并不是两个不同的东西，它们其实是同一种东西的不同表现。这个东西，爱因斯坦把它叫做："时空连续统"。

有了"时空连续统"的理论，我们就能解释上面那个"永远对不准表"的飞船实验啦！按照"时空连续统"的观点，在某个参考系中的同一时间但在不同地点发生的两个事件，在另一个参考系看来，就会变成被一定时间间隔开的两个事件。如果这句话你觉得拗口的话，我们可以换个说法：

在某个参考系中的同一地点，但在不同时间发生的两个事件，在另一个参考系看来，将变成被一定空间间隔开的两个事件。

什么，还是一样拗口？打个比方吧，你在火车上吃晚饭的时候，你的牛肉面和酸奶放在火车上的同一个地方——餐桌上。你先吃牛肉面，再喝酸奶，于是，牛肉面和酸奶虽然在火车上的位置从来没有变过，但在铁路上，却是在相距很远的两个不同的地方被你吃下去的。在火车上的同一个地点（你的桌子上）、不同时间发生的两件事（你先吃了牛肉面，然后又吃了酸奶），在铁路上的人看来，就变成了被一定空间分隔开的两件事（你吃酸奶时在铁轨所处的位置，已经离你吃牛肉面的地点很远了）。这件事情是不是比较容易理解？

小贴士

参考系

参考系，又叫参照系（或参照物），指研究物体运动时所选定的参照物体，或彼此不作相对运动的物体系。在地球上的我们，一般把地面当成是参考系，我们所说的运动，比如火车前进，就是相对地面来说的。而所有固定在地面上不动的东西，都是这个参考系的一部分。

那么，反过来也是一样的。在"动动"号飞船上，发生在同一时间、不同地点的两件事（小红和小绿同时接收到光信号），在另一个参考系——"静静"号飞船上的同学们看来，就变成了被一定的时间间隔开的两件事了（小绿先接收到光信号，过了一段时间后，小红才接收到光信号）。

在传统物理学中，人们把时间看成一种完全不依赖于空间和运动的东西。但是，魔法物理学告诉我们：空间可以变换成时间，时间也可以变换成空间！

不过，由于我们的活动范围一般都局限在低速空间里，平时，从空间间隔变换成时间间隔所产生的结果，实际上是观察不到的，所以人们才会一直坚信时间是某种绝对独立的、不变的东西。但是，在研究速度极高的运动，比如在研究电子的运动时，我们就会看得到时间和空间的变换。

根据这个理论，如果宇航员以光速的速度遨游太空，就会发生很神奇的事情——在地球上的人看来，时间在他身上停止了，他永远都不会变老！也就是说，只要不发生什么意外，他就可以永远活下去！

时间和空间可以相互转换

这就是相对论的时间延长效应，也叫做钟慢效应。

而在这位已经跻身"光速冲浪者"行列的宇航员看来，地球上的一切却是在飞快地过去，就像按下了"快进"键。一眨眼的时间，他的同事们就死去了，沧海就变成桑田了。也就是说，他能比地球上的人们快无数倍地看到地球的未来，通过高速运动，他穿越到了未来。

其实，钟慢效应早已在实验中被观察到了。瑞士日内瓦郊外的欧洲核子研究中心（CERN）高能物理实验室发现，将一种不稳定的粒子——μ子（它在百万分之一秒内发生放射性衰变，也就是说，它的寿命只有百万分之一秒）加速到一定程度后，它的寿命就会延长30倍。而它的速度和寿命延长的倍数，与科学家们提出的时间延长公式计算出的结果是完全一致的！

小贴士

钟慢效应

钟慢效应是说时间并不是永远以人们感受到的现在的这种速度进行的，它也会发生变化，一般是和速度有关。速度越快，越接近于极限速度，时间就会越慢。

我们这个宇宙的极限速度是光速，但是理论上说，并不是所有的宇宙极限速度都是光速，可能更快，也可能更慢。

光速冲浪者

现在，我们知道了，穿越到未来、让时间停止以及把时间和空间互相转换，这些都是物理世界给我们展示的真实的魔法。那么，本章开头提出的问题就只剩下一个选择了——"穿越回过去"。可是，为什么"穿越回过去"是不可行的呢？

因为，理论上，要穿越回过去，就必须超越极限速度——光速！而你知道，在我们这个宇宙，光速是不可能被超越的……

想象一下，地球上的人们看以光速在冲浪的宇航员，他的时间是停止的。如果这位宇航员再加把劲儿超过光速的话，时间在他身上就倒流了，也就是说，他会慢慢变得年轻，直到变成婴儿、胚胎……这样的场景可能实现吗？在电影里有很多，比如《本杰明·巴顿奇事》（也叫《返老还童》），以及《星际穿越》等。但是，要宇航员超越光速，他真的做不到啊！原因很简单：推动大石头比推动鸡蛋难得多。按照力学原理，物体的质量决定了使物体速度加快的难度。质量越大，让它速度变快的难度也越大。当物体的速度接近光速的时候，进一步加速所碰到的阻力——也就是说，这个物体的质量会无限制地增大。同样，科学家们找到了加速度和阻力关系的公式，当速度无限接近光速的时候，进一步加速所碰到的阻力就会变成无限大。因此，光速就成为我们这个宇宙的极限速度，无论如何都无法超越了。

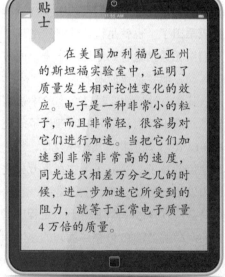

小贴士

在美国加利福尼亚州的斯坦福实验室中，证明了质量发生相对论性变化的效应。电子是一种非常小的粒子，而且非常轻，很容易对它们进行加速。当把它们加速到非常非常高的速度，同光速只相差万分之几的时候，进一步加速它所受到的阻力，就等于正常电子质量4万倍的质量。

插问：现在我们知道了，旅行到未来是可行的，那么具体要怎么做才能实现这场奇妙的旅行呢？

别着急，物理学家们为你提供了至少 4 种时间旅行的方法。

方法一：高速的星际航行

首先，你需要一张宇宙飞船的船票。正如我们已经知道的，只要跑得足够快，就能够快去到未来，所以高速的星际航行首推的是时间旅行方式。

物理学家认为，时间就像是一条河流，在不同的地段会有不同的流速，而这正是实现通往未来之

高速的宇宙飞船是安全可靠的时间机器

旅的关键。根据爱因斯坦的理论，时间在有些地方会变得更慢，而在另一些地方会变得更快。当飞船在太空中加速时，对飞船上的宇航员来说，时间的流逝速度会有所放慢。

用来打开时空隧道的专业时间机器

如果能够建造出速度接近光速的宇宙飞船，那么宇宙飞船必然会因为不能违反光速不可超越的法则，从而使得舱内的时间大大放慢。宇航员以这种方式飞行 1 个星期，地球上的时间就过去了 100 年，当他回到地球的时候，实际上就穿越到了 100 年之后的未来。

方法二：穿过虫洞

科幻电影中，常常出现各种用专业的时

间机器打开时光隧道，然后男女主角（或者炮灰）勇敢地走进隧道，去进行一场未知冒险的情节。虽然现实的操作可能并非如此，但这种想法其实并不疯狂。对于物理学家来说，时光隧道也许就是虫洞。

虫洞可能很大，有人认为我们的宇宙就在一个巨大的虫洞中，也可能很小。著名的英国物理学家霍金就说，虫洞可能就在我们周围，只是小到肉眼无法看见。有朝一日，人类也许能够捕获某一个虫洞，将它缩小或放大到适合人类甚至宇宙飞船从中穿过。

小贴士

虫洞是宇宙中可能存在的连接两个不同时空的狭窄隧道，1916年由奥地利物理学家路德维希·弗莱姆首次提出，1930年爱因斯坦及纳森·罗森在研究引力场方程时再一次确认了虫洞存在的可能，他们认为，透过虫洞可以做瞬时的空间转移或者做时间旅行。

虫洞

方法三：利用超大黑洞

黑洞是宇宙中另一种神奇的天体，可以吸入一切物质，连光也不能逃脱。比整个银河系还要重的超大黑洞可以十分明显地降低时间流逝的速度。英国理论物理学家霍金认为，超大黑洞就像是一部天然的时间机器。如果一艘宇宙飞船进入超大黑洞，并按照地球指挥中心的要求完成了16分钟绕轨道一周的飞行，而对于宇航员

黑洞也是一种天然的时间机器

来说，时间只过去了8分钟。如果他们在超大黑洞内执行5年任务，返回地球时会发现已过去了10年。当然，这艘飞船必须能够抵御黑洞超强的吸引力才行。

方法四：终极秘笈——高维空间大挪移

前面我们说过，在我们这个宇宙中，因为没有办法超过光速，所以时光倒流是绝对不可能实现的。但是，仅仅是在我们现在这个三维的宇宙里。如果人类能够到达更高维度的空间，或者得到高维智能生物的帮助，那么就可以摆脱光速施加在时间旅行上的魔咒，想去过去就去过去，想去未来就去未来，想去哪里就去哪里，在时间和空间中随心所欲地乾坤大挪移！

平行宇宙想象图

空间的"维度"又是什么意思呢？

我们可以把维度理解为"方向"。一维有 2 个方向，前和后。二维有 4 个方向，前后左右。三维有 6 个方向，前后左右上下。维度不同，世界大不一样。

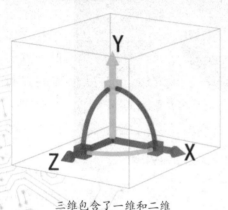

三维包含了一维和二维

小贴士

维度，在物理学上指独立的时空坐标的数目。0 维是一点，没有长度；一维是线，只有长度；二维是一个平面，有长度也有宽度。三维是平面加上高度，有长、宽和高。三维空间中包含着二维空间，二维空间包含着一维，一维空间又包含着 0 维。

为什么说维度不同，世界就不一样呢？

因为，在低维度永远无法完成的事情，只要高一个维度，就可以轻松做到。

比如，我们可以想象一下这样一个世界：在一张纸上，同时生活着一维生物、二维生物和三维生物。

一维生物是一只毛毛虫，它是一截短短的线段，它的全部世界就是一条直线，它只有前后两个方向，能在纸上沿着这条直线前进和后退。如果直线上还有别的东西的话，无论是什么，在毛毛虫看来都只是一个点。

二维生物是一只蜘蛛，样子就像用铅笔在纸上画出来的蜘蛛一样，蜘蛛的世界就是纸的表面，它可以沿着纸面前后左右到处爬。别的东西在蜘蛛的眼里，就是一条条的线段。

三维生物是一只蚊子，它可跟活生生的蚊子没什么两样呢，不仅可以爬，还可以在纸的上空飞来飞去。它眼里的世界，跟我们人类一样，是平面的。

毛毛虫、蜘蛛和蚊子都靠吸食雨水而活。可是，纸世界已经很久没有下雨了。就在虫虫们都饿得不行的时候，一滴大露珠从天而降，落在纸上。可不巧的是，露珠并没有落到毛毛虫的直线上，毛毛虫只看得到前后，看不到左右（准确地说，对毛毛虫来说，只有"前后"，没有"左右"），它继续沿着直线向前挪动，没多久就饿死了。蜘蛛和蚊子同时看到露珠，都想要跑过去喝上一口。蜘蛛掉头就冲着露珠爬过去，蚊子一看不高兴了，心想，咱可是三维生物，还能输给你不成，随即拍拍翅膀飞了过去，飞可比爬快多了，眼看蚊子

四维人眼中的三维人，也许都像被困在一个个小房间里

就快要到了，蜘蛛还在纸的那一头慢慢爬着呢。这时，另一个三维智能生物，你，出现了。比起蚊子来，你还是更喜欢蜘蛛一点，你想：有这么欺负人家二维生物的吗！于是，你把纸整个拿起来，弯成了 U 形，把蜘蛛直接按在露水上。故事的结果是，蜘蛛虽然抢到了露水，但是最后还是吓死了，因为它完全不明白怎么就瞬间越过了

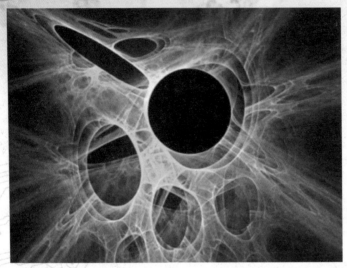

更高维度的世界永远无法想象

长长的距离，还以为见了鬼了。而蚊子眼睁睁地看着你作弊，气死了。

作为三维生物，我们能够很容易理解一维和二维世界，但是更高的维度是什么样呢？以爱因斯坦为代表的物理学家们认为，时间和空间是一个连续体，不能把时间跟空间割裂开来，那么在更高的维度空间，很可能时间也只是其中一个维度而已。对于更高维度的四维人，也许我们很难跨越的三维空间和一维时间根本就不算个事儿。

毛毛虫、蜘蛛和蚊子的故事告诉我们，在三维世界里，可以瞬间穿过二维世界一段很长的距离。同样，在四维世界里，也可以轻松穿过我们三维世界里很难逾越的空间和时间。只不过，就像二维蜘蛛不能理解三维人类是如何把它按到露水上一样，禁锢在三维世界里的我们也很难想象四维甚至更高维度的生物会如何穿越我们的空间和时间。我们只能猜想，它们可能是空间的瞬间穿梭，也可能是时间的随意操控。也许，对于四维人说，时间会像线条一样在他们眼前展开。他们可以像我们随意地弯曲虫虫们的纸世界一样，随意弯曲我们人类的三维世界，从而拨动他们世界里的时间线，带你穿越带你飞。

有科学家认为，空间实际上存在着11个甚至更多的维度。那会是什么样子的呢？没有人能够想象，并且即使在理论上也无法预测。因为人类神经系统的限制，任何三维以上的空间都是没有办法进行可视化的。也就是说，你永远无法看到、感觉到或者想象到比你所在世界维度更高的世界是什么样子。

七、量子游戏

魔法物理学

科学家研究很快的物体，发现了时空的奥秘。科学家们研究很小的物体，又会发现什么呢？答案更加令人震惊！还是让我们从一个非常出名的思维实验说起。

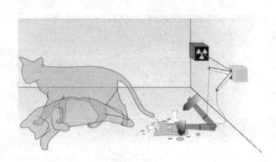

惨无猫道的实验

在这个试验中，他们抓了一只可怜的小猫咪，把它关在一个密闭的箱子里。箱子里放着装猫粮的小碗，以及装毒药的瓶子。他们这是要干什么呢？是养猫还是杀猫？其实，他们自己也不知道，因为他们把决定猫生死的权力交给了别人——一种放射性原子。

科学家们是这么干的：在毒药瓶的上方悬挂一个很重的铁锤，铁锤由一个电子开关控制，而电子开关由放射性原子控制。如果原子核衰变，则放出阿尔法粒子，触动电子开关，锤子落下，砸碎毒药瓶，释放出里面的氰化物气体，猫就必死无疑。

由于放射性原子核可能在任意一个时刻突然衰变，科学家不能预先知道这个时间，他们知道的只是它的半衰期——衰变一半所需要的时间。比如，如果一种放射性元素的半衰期是一天，则过一天，它的量就减少一半，再过一天，剩下的又少了一半。科学家们知道，每过一天元素一定会减少一半，但是却不知道它会在什么时候衰变，是早晨、上午、下午，还是晚上。

猜一猜，如果不打开箱子，里面的猫会是活的还是死的呢？

　　在打开箱子之前，我们一般认为，箱子里面的小猫要么是死的，要么是活的。因为这两种可能性都存在。可是如果用量子物理学家薛定谔提出的魔鬼方程——薛定谔方程来描述这只小猫，我们会说，猫既是死的，也是活的。只有在打开箱子之后，才能确定猫是死是活。这个实验的诡异之处就是，薛定谔认为，在被人观察之前，猫处于一种死与活的叠加状态，是我们的观察决定了猫咪的命运，在我们观察的时候，猫才最终死掉，或者继续活着。请注意，我们打开箱子，不是发现而是决定猫是死是活，仅仅看一眼就足以决定猫咪的命运！

　　一只猫如果死了，就是死了，怎么可能同时又活着呢？这是在胡言乱语，或者是逗我玩儿吧？是的，我们认识的随便哪一只猫都不会活得这么纠结。但是，疯狂的量子物理学家宣称，在两种情况下除外：第一种，如果这是一只微观世界里的猫，它只有原子那么大，被同样原子那么大的科学家关起来做实验的话，它就确确实实是又死又活的。第二种，如果我们这个宏观世界的量子常数足够大，比如，量子常数是1的时候，就算你邻居家养的一只正常得不得了的猫不幸被科学家抓去做这个非人道的实验，它也会变成又死又活的幽灵。这简直比半死不活的猫还折磨人哪！难怪有科学家受不了，说："给我一把枪，我去把猫杀死算了！"

　　可是，量子物理学揭示的世界就是这样，微观世界的本质就是一场"逗你玩儿"的游戏，生不是生，死不是死，没有是非，无法确定，远比我们知道的任何魔法都更加不可思议，不仅可以折磨猫，更能深深地折磨爱思

考的人。那么，为什么会这样呢？就让物理学带领我们参观一下和我们生活的宏观世界大不一样的微观世界吧！虽然，宏观世界本身就是由微观世界组成的。

 你知道物质是由什么组成的吗？

很早很早以前，人类就对"物质是由什么组成的"这个问题感到好奇了。古希腊哲学家德谟克利特认为，万物的本原或根本元素是"原子"和"虚空"。"原子"在希腊文中是"不可分"的意思。构成具体事物的最基本的物质微粒就是原子。原子的根本特性是"充满和坚实"，即原子内部没有空隙，是坚固的、不可入的，因而是不可分的。

德谟克利特的假说大部分是对的。而他所说的"理性"反映到现代科学中，就是"提出假设＋实验证明"。经过二十几个世纪的探索，科学家在 17 世纪到 18 世纪，通过实验证实了原子的真实存在。

小贴士

德谟克利特认为，原子是永恒的、不生不灭的；原子在数量上是无限的，并且处在不断的运动状态中。此外，他还认为，原子的体积微小，是眼睛看不见的，即不能为感官所知觉，只能通过"理性"才能认识。

其实，我们很容易理解，物质是由原子这样微小的颗粒所构成的。就像一袋面粉是由细小的面粉颗粒构成的一样。把一块东西，比如铁，持续不断地分割，最后得到的就是组成它的粒子。而原子，就是决定物质是什么的粒子。

19 世纪初，英国化学家道尔顿在总结前人经

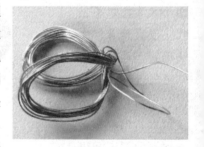

我们经常见到的元素——铁

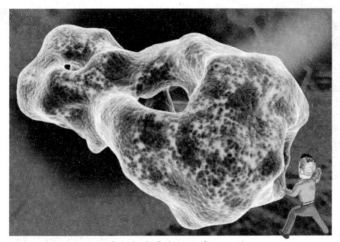

世界上含量最少的元素——砹

验的基础上，提出了具有近代意义的原子学说：原子就是指在化学反应中无法再分割的基本微粒，因此，原子决定了一个化学元素的性质。

原子十分坚固，连化学反应（比如燃烧）都无法把它破坏或者分割开。原子在化学反应中无法分割，但在物理反应中可以分割。原子具有核式结构，一枚原子由原子核、核内电子和核外电子构成。

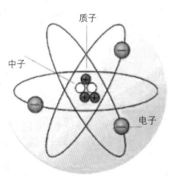

原子的组成

原子的直径和质量极小，质量主要集中在原子核里的质子和中子上，质子带正电，中子不带电。原子核外分布着电子，电子带负电，电子的个数决定了一种元素的化学性质。由于质子和电子的电都会互相抵消，整个原子对外不带电，是中性的。

原子核的能量极大，很难被破坏。构成原子核的质子和中子之间存在着巨大的吸引

小贴士

　　只由一种原子组成的物质就是元素，比如氢、铁等。到 2012 年为止，总共有 118 种元素被发现，其中 94 种存在于地球上。元素的各种组合构成了一切物质。有的元素自身不稳定，会进行放射性衰变，可以用来作为薛定谔猫咪实验中的电子开关。

力，能克服质子之间所带正电荷的斥力而结合成原子核，使原子在化学反应中其原子核不发生分裂。当一些原子核发生裂变或聚变（较轻原子核相遇时结合成为较重的原子核）时，会释放出巨大的能量，就是我们现在熟知的原子能（核能）。掌握了核裂变或者核聚变的国家，就可以制造原子弹、建造核电站，以及用核武器吓唬其他国家了。

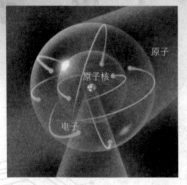

原子的一种模型图

铀的裂变在核电厂用得最多，用中子去轰击铀原子，会再放出 2 到 4 个中子，中子再去撞击其他铀原子，从而形成链式反应而自发裂变。撞击时除了放出中子还会放出热，如果温度太高，反应炉会熔掉，从而造成严重的灾害，因此通常会放控制棒去吸收中子以降低分裂速度。

小贴士

原子核位于原子的核心部分，由质子和中子两种微粒构成。原子核极小，体积只占原子体积的几千亿分之一，却集中了 99.96% 以上原子的质量。原子核的密度极大，一个 1 升的矿泉水瓶子装满水，质量只有 1 千克，如果把水倒掉换上原子核的话，质量将达到 10 万亿吨！

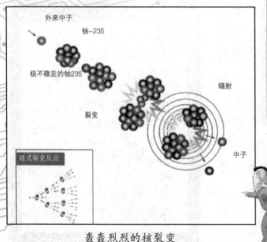

轰轰烈烈的核裂变

核电厂的心脏——核反应堆

原子弹爆炸形成巨大的蘑菇云

小贴士

核裂变

核裂变又叫核分裂，指的是一个原子核分裂成两个或者多个原子核的变化。

只有一些质量非常大的原子核，比如铀、钍和钚等才能发生核裂变。这些原子核裂变的同时，会释放出中子和很大的能量。1千克铀-238裂变产生的能量，与2000吨煤炭燃烧释放的能量一样多。

以前我们以为，在原子核内部发生的事情和在太阳系中发生的事情大致是差不多的：一个个电子就像行星一样，在各自的轨道上，有条不紊地围绕着原子中心的太阳——原子核旋转。现在，量子力学发现：这个想法简直是大错特错！电子根本就不像行星那样老老实实地规律运转，它们是十分疯狂而混乱的。电子就像一个个能够熟练运用"瞬间移动"和"分身"两大魔法的小精灵，能同时出现在原子核外的任何位置。在外人看来，电子实际上就像围绕着原子核的一团模糊的云。所以，原子核的内部，电子看上去是这个样子：

电子云

小贴士

电子

　　电子也是构成原子的基本粒子之一。与原子核不同，电子的质量极小，带负电荷，在外面围绕原子核旋转。不同的原子拥有的电子数目不同，例如，1 个碳原子中含有 6 个电子，1 个氧原子中含有 8 个电子。

　　电子看起来像是很多很多电子组成的巨大云团是不是？如果我告诉你，这可能只是 1 个，或者很少的几个电子形成的图像，你会不会觉得难以想象？可是，这就是量子力学展现给我们的微观世界的本来模样——微观的世界，不仅仅是特别小，这个世界里发生的一切和宏观世界非常不同。如果宏观世界是一片稳定而规律的热带雨林，微观世界就是无数个疯狂而混乱的魔幻森林。在这样的森林里，研究宏观物体的牛顿力学就不起作用了，各种宏观物体的运动规律、计算公式全部都失效了，只有使用量子力学这个工具，我们才有可能看清楚量子魔幻森林的真实图景。

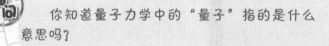

你知道量子力学中的"量子"指的是什么意思吗？

　　大多数人都不知道，大部分课本上都不会提到的一个秘密是：能量是粒子，而"量子"指的就是"能量粒子"。

　　我们能够很容易理解，原子是粒子，原子里面的原子核是粒子，电子也是粒子，任何组成物质的基本单位都可以看成是粒子。可是能量为什么会是粒子呢？我们又是怎么认定能量是粒子的呢？

我们知道，世界万物是不断运动的，在物质的一切属性中，运动是最基本的属性，其他属性都是运动的具体表现。有运动就有能量，因此能量也是无处不在的。汽车能够开动，电灯能够发亮，电动机器人能够走动，都是因为它们能够使用能量：汽油燃烧可以提供能量，电厂发电和电池放电都可以提供运动的能量。人类的生存也离不开能量，每天我们都得至少三次从食物中获取维持生命所必需的能量呢！食物中含有丰富的能量，如果每天吃得太多，这些能量就会转化成脂肪堆积在身体里，把你变成一个胖子。

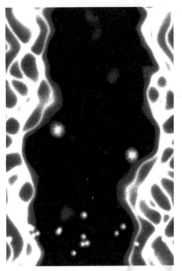

能量粒子幻想图

一个物体所含的总能量来源于这个物体的质量。能量同质量一样既不会凭空产生，也不会凭空消灭。能量可以存在于电池、汽油里，也可以从米饭、巧克力中转移到我们的身体里，为我们的身体提供活动的能源。我们不曾想过，这些能量都是由一些小小的粒子构成的。我们既不能像看到原子一样看到它——无论使用任何工具都不能，也无法直观地感觉到它，所以在很长一段时间内，人类都不知道能量的存在。那么，我们是怎样发现能量是粒子的呢？

这还得归功于神奇的物质——"光"。

前面我们问过一个问题，光是一种现象、一种物质，还是一种能量？我们已经知道，光是一种电磁波，电磁波是一种波动，所以，光是一种波动。于是我们就可以说，光是一种现象，就像水波、声波一样。可是，我们又同时说，光还是一种物质和能量，这是怎么回事呢？

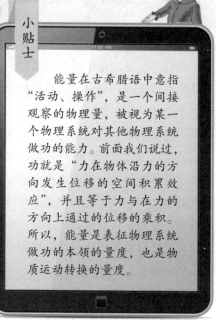

小贴士

能量在古希腊语中意指"活动、操作"，是一个间接观察的物理量，被视为某一个物理系统对其他物理系统做功的能力。前面我们说过，功就是"力在物体沿力的方向发生位移的空间积累效应"，并且等于力与在力的方向上通过的位移的乘积。所以，能量是表征物理系统做功的本领的量度，也是物质运动转换的量度。

光是一种能量粒子

出现这样的问题一点儿也不奇怪，因为人类历史上的天才大脑们关于"光到底是什么的"争论，可是持续了整整几个世纪呢。正是有了这场辩论，才让我们不仅仅对光，更是对组成世界的物质的本质有了惊天动地的发现。现在让我们回到这场世纪辩论赛的现场。

主持人笛卡尔（现代哲学之父、17世纪伟大的物理学家和数学家）：

在人类对光的研究过程中，光的本性和颜色成为关注的焦点。

主持人笛卡尔

关于光的本性，我认为存在着两种可能：第一种，光是类似于微粒的一种物质；第二种，光是以"以太"为介质的一种波动。至于哪一种是光的本质，由于时间有限，我已经无力继续研究下去，探索和研究的工作就留给后辈们发挥好了。请大家开始吧！

光是一种波（正方）VS 光是一种粒子（反方）

正方一辩：格里马第（17 世纪中期，意大利波仑亚大学的数学教授）。

格里马第

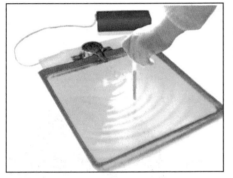

水波遇到障碍物后会产生衍射

毫无疑问，光是一种波！我在观测放在光束中小棍子的影子时，发现了光的衍射现象。衍射是波的一种特点，水波、声波在遇到障碍物的时候都会出现这种现象，所以，光应该是与水波类似的一种波动。

正方二辩：波义耳（17 世纪中期的英国科学家）。

同意我方一辩的观点！另外补充一点：我研究了肥皂泡和玻璃球中的彩色条纹，我发现：物体的颜色其实并不是物体本身的性质，而是光照射在物体上产生的效果。也就是说，一个物体自身是没有颜色的，是光的照射让它看起来有颜色，颜色是物质对光的反应。没有光，我们看不到任何物体，也看不到任

波义耳

小贴士

光的衍射

光在传播过程中遇到障碍物或小孔时，光会偏离直线传播的途径而绕到障碍物后面传播的现象，叫光的衍射。

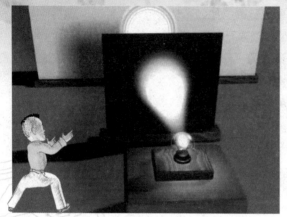

通过障碍物上的小孔后，光会产生衍射

何颜色。所以，这印证了我方一辩格里马第先生的看法：光是一种能够对物质产生作用的波动。中国的另一位物理学家胡克通过重复我的实验，明确提出了"光是以太的一种纵向波"，他还发现，光的颜色是由其频率决定的。这真是一个伟大的发现！

反方一辩：牛顿（就是被苹果砸中的那位牛顿）。

光有颜色这一点，就能证明光是一种波吗？我觉得这样说完全没有逻辑！我也做了一个实验——姑且叫它"密室彩虹"实验吧！当然，你们也可以重复我的实验：让太阳光通过一个小孔后照在暗室里的棱镜上，在对面的墙壁上就会得到一个彩色光谱。这个实验说明，白光是由不同颜色的光混合在一起而形成的，就像不同颜色的颜料微粒混合在一起会变成黑色一样，不同颜色的光线粒子混合在一起，就会变成白光。所以，光应该是一种和颜料一样的微粒才对！

（此处省略牛顿以一敌众，和波义耳、胡克们反反复复争论的 1 万字。）

随后，与牛顿同一个时代，但是发型更酷的正方三辩出现了！

正方三辩：惠更斯（荷兰著名天文学家、物理学家和数学家）。

1666 年，我应邀来到巴黎科

牛顿

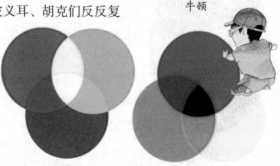

左图是光混合后变成白色，右图是颜料混合后变成黑色

惠更斯

学院以后，开始了对物理光学的研究。期间，我曾去英国旅行，并在剑桥和牛顿先生交流了对光的本性的看法。回到巴黎之后，我重复了牛顿先生的试验，也仔细地研究了格里马第先生的实验。我发现，其中有很多现象都是微粒说所无法解释的。比如：如果光是由粒子组成的，那么在光的传播过程中各粒子必然互相碰撞，这样一定会导致光的传播方向的改变。然而事实并非如此，我们都知道，如果没有障碍物，光一定是沿直线传播的。所以，我认为，光是一种波，一种靠物质载体来传播的纵向波，传播它的物质就是"以太"。只有在"光是一种波"的前提下，光的反射定律和折射定律才能说得通，也才能够解释光的衍射、双折射等现象。

重量级人物牛顿遇到了强有力的挑战，当然不甘落后，他埋头苦干，编写并发表了一本专门讨论光的书——《光学》。书中，牛顿把他的物质微粒观推广到了整个自然界，并与他的质点力学体系融为一体，为微粒说找到了不少坚实的依据。

反方一辩：牛顿（第二次发言）。

第一，如果光是一种波，它应该同声波一样可以绕过障碍物并充满障碍物后面的空间，不会产生影子；第二，双折射现象说明光在不同的边上有不同的性质，波动说无法解释其原因。另外，大家都同意，波的传播必然是要依靠一种物质——也就是它的载体。水波的载体是水，声波的载体是空气，如果光也是一种波的话，那你们所说的载体"以太"在哪里呢？好像前后几百年都没有人找到呢！

《光学》是1704年才正式公开发行的，可是此时惠更斯与胡克都已相继去世，波动说一方已经后继无人，随便牛顿怎么长篇大论，也无人应战了。

随着牛顿声望的不断提高，人们对他的理论顶礼膜拜，重复他的实验，并坚信他的结论。整个18世纪，几乎没有人再向微粒说发起挑战，也很少有人对光的本性进行进一步的研究了。

18世纪末，在德国自然哲学思潮的影响下，人们的思想重新活跃起来。从英国著名物理学家托马斯·杨（大家都叫他杨氏）开始，人们对牛顿的光学理论再一次产生了怀疑。因为，著名的杨氏双缝干涉实验等大量的实验，都在反复说明光是一种波。

为什么杨氏双缝实验说明光是一种波呢？

其实这个试验的原理并不太复杂的。因为粒子和波虽然我们无法用肉眼看到，但是它们的运动规律是不一样的，通过研究光的运动轨迹，我们就能知道它是具有波的性质，还是粒子的性质。现在我们就来了解一下这个实验吧！

在实验中，杨科学家把光束照射在一块遮挡板的两个狭长的狭缝上，观察光束通过狭缝后的运动轨迹。

我们可以想象一下，把一袋面粉倒悬着，解开系面粉口袋的绳子，让面粉倒出来，落到半空中的一个木板上。如果木板上面正好有两条狭缝，面粉就会通过木板上的狭缝落到地面，在地面上形成两条细长的面粉带，

小贴士

一开始，杨氏只是在百叶窗上开了一个很小的洞，让光线透过，并用一面镜子反射透过的光线。后来，他用一个很薄的纸片把这束光从中间分成两束，结果看到了相交的光线和阴影，最后，发展为用厚纸板上的两条狭缝来验证这个实验。实验表明两束光线可以像波一样相互干涉。

位置应该正对着木板上的狭缝。

如果光束和面粉一样，是由微小的粒子组成的，那么，光在通过遮挡板的两条狭缝后，在另一边就应该出现两个光束，每一束同一个狭缝相对应。

水波在通过两个小孔之后会形成的干涉图样

如果光束是由波组成的，波的运动轨迹就和粒子不同，波会扩散，还有波峰和波谷，会产生"干涉"的现象。这种情况下，每一个狭缝便都起着波源的作用，光束发出的波就会扩散开来，并且两束会彼此重叠在一起，波峰和波谷会彼此混合起来，互相干涉。

追问 两束波是怎么互相干涉的呢？

在一些方向上，两束波并不同步，于是一个波的波峰就同另一个波的波谷叠在一起，互相抵消掉了，于是，在这些方向上就什么也没有了。我们把这种情况叫做相消干涉。

在另一些方向上，是完全相反的情形：两个波完全同步，其中一个波的波峰与另一个波的波峰叠加在一起，这个时候，毫无疑问，它们的波谷也是叠在一起的，它们互相加强，于是传

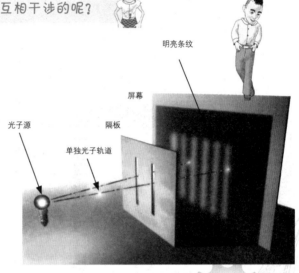

双缝干涉实验图

到这些方向的波就特别强大，光在这些地方就会变得比原来还明亮。我们把这种情况叫做相长干涉。

如果光是波，那么它通过两条狭缝产生的结果就是：在狭缝的后面，在那些发生相长干涉的地方会有一些彼此隔开的光束；而在它们之间，也就是发生相消干涉的地方，就什么东西也没有。并且在狭缝后面出现的不止是两个光束，而可能是许多光束，它们之间的间隔完全相同，它们之间所形成的角度取决于原始光束的波长和两个狭缝之间的距离。

杨氏双缝干涉实验的结果是，在狭缝后面得到的光束多于两个，证明了这时光

表现出来的性质是波，而不是粒子。

于是，科学家们画出了这张图，来想象在这个实验中光是如何运动的。

可是，关于光是粒子还是波的争论仍然没有结束，因为还有很多实验，就像杨氏双缝实验证明光具有波动性一样，能够证明光具有粒子性。

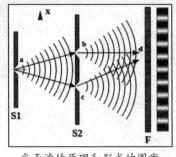

光干涉的原理和形成的图案

随后的一个世纪，就是波动说和粒子说双方不断实验和互相掐架的过程。1808 年，拉普拉斯用微粒说分析了光的双折射线现象，批驳了杨氏的波动说。1887 年，德国科学家赫兹发现光电效应，再一次证明了光的粒子性……每一次的交锋，都使人类对光的认识又加深了一步。但是，到那时为止，并没有一方能够建立起压倒性的优势。光到底是什么，仍然是一个让人头疼的问题。

幸好，到了 20 世纪初，物理学史上同时也是人类历史上划时代的人物——天才的物理学家爱因斯坦出现了！他提出的理论，让科学界看到了结束这场旷日持久的争论的曙光。爱因斯坦认为，波动和粒子并不矛盾，光即是一种波，又是一种物质。

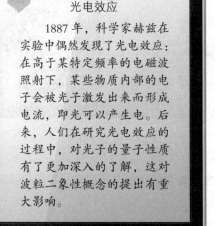

小贴士

光电效应

1887 年，科学家赫兹在实验中偶然发现了光电效应：在高于某特定频率的电磁波照射下，某些物质内部的电子会被光子激发出来而形成电流，即光可以产生电。后来，人们在研究光电效应的过程中，对光子的量子性质有了更加深入的了解，这对波粒二象性概念的提出有重大影响。

这听起来好像很奇怪是不是？但是，事实就是这样的。就像蝙蝠既能像鸟类一样飞翔，又能像哺乳动物一样直接生下小蝙蝠而不是生蛋一样，光确实实既能像波一样波动，同时又具备粒子的特征。爱因斯坦给这种特性起了一个拗口的名字——"波粒二象性"。

1905 年 3 月，爱因斯坦在德国《物理年报》上发表了题为《关于光的产生和转化的一个推测性观点》的论文。在论文中他提出，对于时间的平均值，光表现为波动；对于时间的瞬间值，光表现为粒子性。这是历史上第一次揭示微观客体波动性和粒子性的统一，这就是著名的"波粒二象性"。爱因斯坦因为

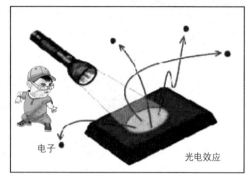

光电效应
电子

提出了"光的波粒二象性"而获得了 1921 年的诺贝尔物理学奖。

爱因斯坦的伟大发现：光既是波，又是粒子，还是能量

爱因斯坦老爷爷

爱因斯坦的伟大发现，是从对"光电效应"的研究和分析中得到的。光照射到金属上，会引起金属放电。赫兹于 1887 年发现光电效应，爱因斯坦第一个成功地解释了光电效应的原理，并且提出了光电效应的方程式。由于比较复杂，就不列出这个方程式了，我们只需要知道，后来的大量实验都证明了爱因斯坦的光电效应方程式是正确的。

在 20 世纪，光已经被证明是一种电磁波。可是爱因斯坦发现，如果光只是一种电磁波而不是粒子的话，不能完全解释光电效应的一些现象，必须同时承认光也是一种粒子，才能完整地解释光电效应。

追问 为什么如果光只是电磁波而不是粒子，不能完全解释"光电效应"呢？

本来，光是一种电磁波这个理论是可以用来解释"光电效应"的。因为，科学家从大量实验中发现，照射金属的光必须满足一个条件：就是在波动说中具有特定

波长的光。这个波长必须小于某一个特定的值，否则，无论怎么照射，金属都不会发射出电子。比如，有的金属用红光照射的话，无论怎样强烈照射，金属都不会发射出一个电子；可是用较弱的紫光轻轻一照，马上就会有电子逸出。红光的波长比紫光的波长要长一些，而电磁波的波长越长，能量就越弱。所以紫光的能量比红光强。如果光仅仅是波动的话，就算用能量较弱的红光长时间地强烈照射，也应该可以积累到足够的能量，让电子逸出。可是实际情况并不是这样，如果光仅仅是一种波动的话，无论它的波长是多少，它传递的能量都是可以积累的。所以，仅仅使用波动说，是不能够把"光电效应"的这一现象解释得通的。

爱因斯坦的假设：光是由一份一份不连续的粒子组成的，当某一个光子照射到对光灵敏的金属上时，它的能量可以被金属中的某个电子全部吸收。电子吸收光子的能量后，动能立刻增加。如果动能增大到足以克服原子核对它的引力，就能在十亿分之一秒时间内飞逸出金属表面，成为光电子，形成光电流。在一定的时间内，

那么，如果使用粒子说来解释"光电效应"，会是什么样子的呢？

入射光子的数量愈大，飞逸出的光电子就愈多，光电流也就愈强。所以，如果光是粒子，就可以解释得通了。

爱因斯坦还发现，光电效应是瞬时性的，这也与光的波动性相矛盾。因为，按波动理论，如果入射光较弱，照射的时间要长一些，金属中的电子才能积累住足够的能量，飞出金属表面。可事实是，只要光的频率高于金属的极限频率，光的亮度无论强弱，电子的产生都几乎是瞬时的，不超过十的负九次方秒。所以，正确的解释是：

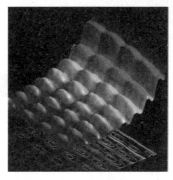

光的粒子与波同时存在的场景

光必定是由与波长有关的严格规定的能量单位（即光子或光量子）所组成的。所以，光的本质必须是电磁波，是粒子，还是能量！缺少一个，就无法解释我们看到的现象。

曾经我们以为能量是这样的

现在我们知道能量是这样的

在爱因斯坦的基础上，另一位伟大的物理学家普朗克正式提出了我们前面提到过的一个重要结论：光除了是电磁波，还是一种能量粒子！

爱因斯坦的发现和普朗克的研究打开了现代物理学的重要分支——"量子力学"的大门。而"量子力学"中"量子"的意思，指的就是"能量粒子"。

所以，如果有人问你什么是量子力学，你就可以简单地回答：

量子力学就是研究"能量粒子"运动规律的物理学！

一开始，人们以为只有光这种最特殊的物质才会呈现出奇特的"波粒二象性"。后来人们发现，所有电磁波，乃至所有的物质都具有波粒二象性！

在前人研究的基础上，1924年，法国物理学家德布罗意在提出了著名的假说：一切运动的微观粒子都具有波粒二象性，后来这个假说得以证明，这种波就叫做"德布罗意波"或"物质波"。物质波这种说法，跟能量粒子其实是一个意思，但是，它比能量是粒子的想法更悬乎！因为德布罗意认为，一切粒子都是波，具有与本身能量相对应的波动频率或波长，并且，物质本身并不是一种实在的东西，而是波出现的一种可能性。他还用了一个奇怪的公式来描述电子的运动，为什么说它奇怪呢？因为这个公式不表示一个电子确定的运动方向与确定的轨道，只说明电子"占据空间某一个点"这件事存在的可能性有多大。就像抛硬币，我们在抛之前，不能判断它是正面向上，还是反面向上，但却知道它们各自的几率是多少。

物质波听起来是不是太玄乎了？而且，要深入理解它们需要用到很多高等数学的知识，那可不是短时间内就能学会的，所以，我们只需要记住有"物质波"

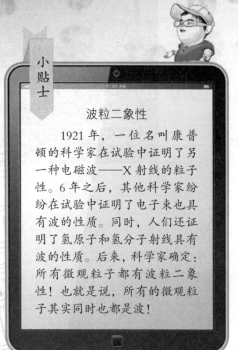

小贴士

波粒二象性

1921年，一位名叫康普顿的科学家在试验中证明了另一种电磁波——X射线的粒子性。6年之后，其他科学家纷纷在试验中证明了电子束也具有波的性质。同时，人们还证明了氢原子和氢分子射线具有波的性质。后来，科学家确定：所有微观粒子都有波粒二象性！也就是说，所有的微观粒子其实同时也都是波！

这么一个概念，它在量子力学中非常重要就可以了。

一个物体越小，它的波粒二象性就表现得越明显。因为光子非常小，比电子都要小得多，所以人类最先发现了光的波粒二象性，才揭开了微观世界的神秘面纱。

波粒二象性是微观世界的基本物理法则之一。实际上，随着我们对微观世界的了解越来越多，我们就越来越感到惊恐——微观世界实在是太不可思议了！下面我们就来看看当物理学从牛顿力学进化到量子力学这个时候，人类的脑袋里和实验室里都发生了哪些诡异的事。

首先，能量是粒子这件小事，就给科学家们带来了很大的麻烦。也许你会问，能量是粒子，或者不是粒子，又有什么关系呢？曾经我们认为，能量是连续不断的一种东西，连续不断的意思就是，理论上可以无限制地分割下去。就像给你一块巧克力，让你把它切成 2 块，再切成 4 块、8 块……不停地分割下去一样。也许实际上没有人能做到，但是在想象中，我们是可以在精神上把这块巧克力无限分割下去的。如果能量是一个个独立的粒子的话，就说明能量是不能进行无限分割的，一个粒子就是能量所能达到的最小状态了。也就是说，当巧克力分到了能量粒子这个程度，就不能再分下去了。你要么把一个能量粒子整个吃下去，要么什么也不吃，但是永远不可能只吃半个能量粒子。

当然，我们可以对巧克力粒子是吃一个还是半个这

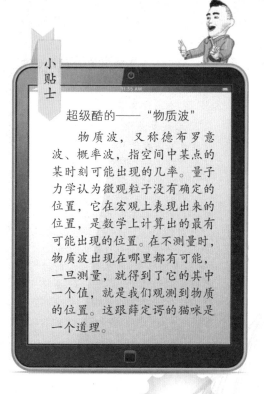

小贴士

超级酷的——"物质波"

物质波，又称德布罗意波、概率波，指空间中某点的某时刻可能出现的几率。量子力学认为微观粒子没有确定的位置，它在宏观上表现出来的位置，是数学上计算出的最有可能出现的位置。在不测量时，物质波出现在哪里都有可能，一旦测量，就得到了它的其中一个值，就是我们观测到物质的位置。这跟薛定谔的猫咪是一个道理。

件事没有意见，但是如果能量是粒子，物理学家们就再也不能愉快地进行测量工作了。这就是出了名让人头疼的"海森堡测不准原理"。

这个帅哥就是德国物理学家海森堡

海森堡测不准原理宣判了：在一个量子力学系统中，一个粒子的位置和它的动量不可被同时确定。精确地知道其中一个变量的同时，必定会更不精确地知道另外一个变量。

想一想，了解物体都有哪些方法呢？

魔法物理学

诡异实验室之——海森堡测不准原理

要解释测不准的问题，我们先得问一问：什么叫做测准了？当你需要了解一个物体的时候，无论用什么方法，你都必定要同那个物体发生相互作用。如果你比较准确地了解物体，就得使用"测量"的手段来确定它的性质。

比如，你必须把它称一称，看看它有多重；

> **小贴士**
>
> #### 海森堡测不准原理
>
> 海森堡测不准原理是德国物理学家海森堡1927年提出的。这个原理由一个你只能在大学里才可能学到的复杂数学公式来表示，它的名字叫傅立叶变换。当然，我们仍然不会写出公式，我们只需要知道，这个原理的意思是：一个微观粒子的某些物理量（如位置和速度），不可能同时被测出确定的数值，其中一个量越确定，另一个量的不确定程度就越大。

称一称

或者把它敲一敲，看看它有多硬；

敲一敲

测一测

就算你完全不打算碰到它，你总得看看它吧？而这时就一定会有相互作用，这种相互作用一定会给你想要测量的那种性质本身带来一些变化。比如，你想知道一杯热水的温度，就需要把一根温度计放入水中，对水的温度进行测量。可是温度计是凉的，它放入水中就会使水的温度稍稍降低。这时，你得到的是这杯热水温度的一个近似值，当然，这个近似值是非常接近它本来的温度的，但是它绝对不会是百分之百准确的，因为放入温度计这件事已经改变了开水的温度。

换句话说，在人们想要了解某种事物的时候，一定会由于了解它那个动作本身而使那种事物发生改变，因此，无论如何，本质上是不能精确地完成任何测量工作的，也就是说，人类无法精确地了解到这个世界的状态。当然，机器人也不行，任何会做出观测行为的家伙，只要一行动，就会败给他自己。

那么，有没有可能发明一些非常微小、非常灵敏，而又不直接同所要测量的性质发生关系的测量器件和方法，从而实现真正准确的测量呢？

海森堡先生说，这也是不可能做到的。一个测量器件只能小到和一个亚原子粒子一样小，但却不能小于亚原子粒子。它所使用的能量可以小到等于一个能量粒子的能量，但再小就不行了，因为这时，能量已经不能再分割。然而，只要有一个粒子和一个能量子，就已经足以带来变化了。就算你完全不碰一个东西，只是看看它，你也得靠从这个物体上弹回来的光子才能够看得到它，而光子从物体上弹出这件事，就会使物体发生变化。

当然，这样的变化是十分微小的，在日常生活中我们完全察觉不到它的存在，所以可以直接把它忽略掉，不会带来任何影响。不过，在量子世界，就不能再无视这些变化了。

要是我们观察的是极其微小的物体，这时就连极其微小的变化也显得挺大的，那会出现什么样的情况呢？

想象一下，如果你想要知道某个电子的位置，那么，为了"看到"这个电子，你就得让一个光子从它上面弹回来。这样一来，光子就会使电子的位置发生变化。海森堡先生证明了，我们不可能设想出任何一种办法，把任何一种物体的位置和速度两者同时精确地测量出来。你把位置测定得越准确，速度就越不准确；你测得的速度越准确，位置就越不准确。不仅如此，他还算出了这两种性质的不准确程度（即

小贴士

1927年，量子力学的奠基者之一——丹麦物理学家玻尔提出了著名的互补原理。他指出，对原子体系的任何观测，都会在观测过程中对观测的对象有所改变。对经典理论来说是互相排斥的不同性质，在量子理论中却成了互相补充的一些侧面。波粒二象性正是互补性的一个重要表现。

"测不准度"）应该是多大，用的就是上面提到的那个傅里叶变换的数学公式。

同一年，丹麦物理学家玻尔也提出了著名的量子力学基础理论——"互补原理"，与"海森堡测不准原理"互相印证。

好吧，在知道了一点儿量子力学的知识之后，我们不知道的东西反而更多了？我们不仅要接受不能吃半个巧克力粒子（当然，这没什么难度），还要接受无论科学怎么进步，我们都不可能在准确知道一个巧克力粒子在哪里的同时，还能准确地知道它往哪个方向跑？

科学研究的基础就是测量，科学越发展，对实验数据准确性的要求就越高。可是，量子力学居然说根本不可能进行准确的测量，那研究微观世界的物理学还要怎么玩下去呀，难道以后我们只能在脑袋里做实验了？

实际上，量子力学的确给它自身带来了很多难题，但科学家们没有放弃，他们不断地为这些难题寻找答案。本章开头那位折磨小猫的物理学家薛定谔给出了一个解决方法——薛定谔方程。你懂的，当一个方程式或者一个原理以科学家的名字来命名的话，就说明这个方程或者原理在物理史上有着显赫的地位，足以让提出它的科学家为之骄傲。

我们看不太懂薛定谔方程的介绍，实际上，任何一个没有受过高等数学训练的人，无论他学识多么渊博，都不太可能真正理解这些方程的原理，因为数学是物理学的基础。但是，我们可以知道的是：

丹麦物理学家玻尔

要想了解微观粒子，比如电子处于何种状态，使用薛定谔方程式就可以了。

与描述宏观物体运动的方程式，比如牛顿的方程式不同的是，薛定谔方程得到的答案不止一个，而是很多个。比如：我们向上抛出一块巧克力，牛顿方程式可以预测它在1秒钟之后的位置、运动速度和方向，这个答案是唯一的。1秒钟之后，要是有一个小朋友的嘴正好在那个位置，他就一定能碰到这块巧克力。可是，如果我们在微观世界抛出一个巧克力粒子，预测它在1秒钟之后的位置、运动速度和方向的话，薛定谔的方程会给出很多个答案，而且每个答案都是正确的。所以，巧克力粒子真实存在的图景是所有答案叠加在一起的状态——所谓的"量子叠加状态"是什么意思呢？就是说，用量子

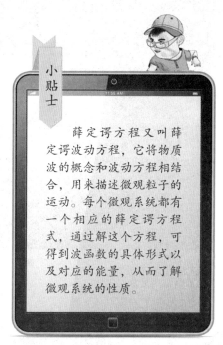

小贴士

薛定谔方程又叫薛定谔波动方程，它将物质波的概念和波动方程相结合，用来描述微观粒子的运动。每个微观系统都有一个相应的薛定谔方程式，通过解这个方程，可得到波函数的具体形式以及对应的能量，从而了解微观系统的性质。

力学来预测巧克力粒子的运动轨迹的话，1秒钟之后，这个粒子将会同时出现在很多个不同的地方，并且速度和方向都是不同的，小朋友会被满天飞的巧克力粒子弄得眼花缭乱，直接晕倒在地。

还记得我们之前说过的那只同时死了又活着的小猫吗？那其实是薛定谔在跟爱因斯坦通信之后，对自己研究的量子力学感到很迷惑而提出的一个思想实验。在这个思想实验里，他把微观世界中的粒子——也就是放射性原子的量子叠加状态通过一个毒药瓶的电子开关，传递到宏观世界里的猫咪身上，让猫咪拥有了不生不死的状态，这和我们的常识产生了极大的冲突。薛定谔提出这个实验，是想说明量子力学的不完备性，后来却大大激发了量子物理学家们探索的欲望和灵感。

最近，有科研团队提出用病毒来代替猫咪进行量子态的实验，并且他们已经开始做了。我们可以期待不久的将来，实验就会有一个结果，但是不知道这个结果会

量子世界

如何快速理解诡异的量子世界？

曾经有一个学生问他的物理老师："老师，你能给我简单地描述一下，在量子世界里，一个电子是如何从一个点到达另一个点呢？它的运动轨迹是什么样的？"

老师回答："量子力学的一种理解是：电子从这个点消失的，然后在另一个点出现。"

把我们带向何方，会印证量子物理学家们提出的理论吗？比如，在量子世界，微观粒子并非台球一样坚实的物体，而是各种状态叠加在一起的、嗡嗡跳跃的概率云。它们并不只存在一个位置，也不会通过一条单一路径从一个点到达另一个点。这听起来实在是太不可思议了，不是吗？你有听说过哪一种魔法描述过这样的世界吗？而这样的世界，最终会被科学家们证实，并且被我们看到吗？

科学界，尤其是在新的领域探索的时候，从来都是充满争论的。量子论说猫可以既是死的同时又是活的，电子可以瞬间移动而不用穿过空间，或者同时穿过不同的路径来到终点，粒子都不是一个个实体而是什么"概率云"，这些观点实在是太超越人类的认知了，比魔法还难以理解，所以很多天才的大脑都对量子力学持怀疑态度。比如，提出了光量子假说，为量子力学奠定了重要基础的爱因斯坦先生，就曾经是量子力学坚定的反对者。连人类中最天才的大脑之一也无法理解量子力学，足以说明量子力学是多么的匪夷所思。

到现在为止，科学家们已经普遍接受了量子力学，并不断在实验和工程应用中进行验证和应用，比如量子通信、量子计算机等。量子力学几乎颠覆了我们对"存在"和"实在"的认识，物理学家为它疯狂，而哲学家多半会因为它而发疯。量子力学所揭示的微观世界就是这样的不可思议。

如果你觉得"观察一定会影响结果""怎么都测不准"还可以理解，薛定谔的"量子猫其实是半只死的 + 半只活的"也算不上多么诡异，那么我们再来看看下面这个试验，会不会让你脊背发凉。

你相信因果论吗？换句话说，你认为，应该是原因决定结果，还是结果决定原因？

诡异实验室之——颠覆因果论的试验

首先，需要说明一下什么是"因果论"，顾名思义，"因果论"就是原因决定结果，并且原因在先，结果在后。"种瓜得瓜，种豆得豆"，你收获了一只西瓜，一定之前有西瓜种子被埋在土壤里并且生了根，发了芽，开了花，最后才结了果。种子是"因"，西瓜是"果"。

因果论是由古希腊著名的哲学家苏格拉底提出的，他认为：每件事情的发生都有某个理由，每个结果都有特定的原因。这个法则非常深刻并且有着极大的影响力，被视为事物发展的"铁律"。试想一下，你能从生活中找到哪怕一件违反"因果关系"的事情吗？

可是，一个简单的量子力学实验就颠覆了因果关系，也就是说，量子力学证明

小贴士

因果论

因果论也称因果定律或因果法则，是指任何事物的产生和发展都有一个原因和结果。一种事物产生的原因，必定是另一种事物发展的结果；一种事物发展的结果，也必定是另一种事物产生的原因。

了，有时候结果会反过来决定原因！这一切的开始，仅仅是现在我们已经十分熟悉的双缝干涉实验。只不过，这一次，科学家把通过狭缝的光子换成了个头更大、更容易分离和观察的电子。这就是《物理世界》杂志在2002年评出的"世界十大经典物理实验"之首的——"电子双缝干涉实验"。

科学家们为什么要做电子双缝干涉实验呢？也许有一个问题一直困扰着他们：为什么光具有波粒二象性，但是在杨氏双缝干涉实验中，表现出来的是波动性，而不是粒子性？也就是说，既然光既是波，又是粒子，为什么它在通过狭缝的时候总是像波一样起起伏伏地荡漾过去，而从来都不像粒子一样直直地跑过去呢？科学家们绞尽脑汁都想不出原因。他们想要看得更仔细一点儿，于是把光子换成了个头大得多的电子来做双缝干涉实验。我们知道，电子和光子一样，都是微观粒子，都具有波粒二象性。那么，电子在实验中的表现又会是什么样呢？

我们都知道光子通过双缝会发生水波一样的衍射，如果是电子通过双缝，又会发生什么呢？

世界十大经典物理实验之首——电子双缝干涉实验

实验道具、步骤和光的双缝干涉相同，只把光源换成了可以发射电子的电子枪。

如果电子像粒子一样，互不干涉地运动，穿过双缝后就会形成两道痕迹。

如果电子以波的形式运动，由于波之间存在干涉，穿过双缝后形成的就是很多道痕迹。

一开始，电子穿过狭缝形成的是很多道痕迹，说明电子在以波的形式运动。

这个结果令物理学家们感到很意外，因为，实验中的电子，是由电子枪一个一个发射出去的。既然是一个一个通过狭缝的粒子，运动轨迹应该和面粉通过狭缝的轨迹一样。实验时，虽然两条缝都是打开的，但是每一个电子应该像一个面粉微粒那样，只能通过其中的一条缝到达屏幕。所以，结果应该是两道痕迹才对。

科学家们很聪明，他们想：会不会是电子太多，速度又太快，它们互相碰撞，飞来飞去，四散开来，才导致了最后出现的不是两道而是很多道痕迹呢？于是，他们把电子一个一个单独发射出去，并且控

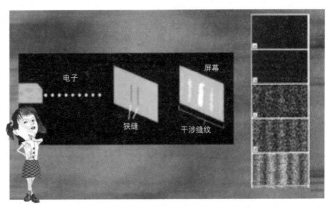

电子双缝干涉实验

制发射时间，让电子之间不可能产生碰撞。可是，即使一个个电子发射，当所有电子发射完毕时，最终狭缝后出现的还是很多道痕迹！

一个个电子互不干涉地发射出去，最后出现的还是波的图像，这可就奇怪了。科学家们像发现了 BUG 一样兴奋，他们一定要知道这种奇怪的现象究竟是如何发生的。很快，他们就想到了一个好办法：用能够记录电子运动轨迹的高速摄像机对准双缝，看看电子是怎么穿过去的。这样，电子的整个运动轨迹都尽收眼底，就可以清晰地看到它到底是怎样变戏法的。

请注意，现在是见证奇迹的时刻！

当科学家用高速摄像机观察电子运动轨迹的时候，很多道的干涉条纹居然消失了！后面的平板上清晰地留下了两道痕迹——这说明，这个时候，电子以粒子的方式通过狭缝了！

魔法物理学

科学家们反反复复地做这个实验，结果都一样：如果在每条狭缝旁边放上高速摄像机，电子就会选择其中一道夹缝通过，不会出现干涉的图样。拿走摄像机，电子就会以波的方式通过，形成干涉图样。这实在太让人恐慌了：好像电子知道自己正在被观察，而且被观察的时候就会改变自己的行为轨迹一样。

此时，做实验的科学家们心中已经有1万匹草泥马呼啸而过，他们只想大吼一声："你是在逗我玩儿吗！"

这种感受，正如近一百年前，沉浸在物理中无法自拔的爱因斯坦先生所说：

"就好像人的脚下被抽空，看不到哪里有什么可靠的基础，没办法在那上面建立什么。"

所以，当我们在思考量子力学发现了什么的时候，如果不感到恐惧和空虚，那多半是没有真正明白量子物理学。一个小小的电子，两条平常的小缝，就足以让人对整个世界产生怀疑！

理解了量子力学的物理学家们更悲催。他们不仅要眼睁睁地看着自己亲手所做的实验比见了鬼还不可思议，还必须负责为这些不可思议的事件寻找合理的解释。"平行宇宙"就是物理学家们提供的一种解释。准确地说，平行宇宙并不是一种理论，而是由量子力学理论和公式推导出来的一种可能存在的现象而已。

科幻小说和电影中常常出现的平行宇宙究竟是什么东西呢？

量子物理学家们提出了一种解释：在双缝干涉实验中，电子本质上仍然是以波的形式同时通过两条狭缝的，只是在我们观察的这个宇宙中它通过了其中一条，而在另一个宇宙中通过了另一条，以此来弥补在这个世界中缺失了的状态。不仅实验中的电子如此、微观粒子如此，整个宇宙都是如此。很可能，宇宙和物质的状态就是很多种叠加在一起的，只是我们观察的时候，由于加入了"观察"这个动作，让平行宇宙的所有可能都坍缩成为我们看到的这一种而已。

科学家描述平行宇宙时用了这样的比喻：它们可能处于同一空间体系，但时间

平行宇宙的猜想——不同宇宙中的行星

体系不同，就好像同在一条铁路线上疾驰的先后两列火车；它们也可能处于同一时间体系，但空间体系不同，就好像同时行驶在立交桥上下两层通道中的小汽车。

按照平行宇宙理论，在我们的宇宙之外，也有和我们的宇宙以相同的条件诞生的宇宙，也可能存在着和人类居住的星球相同的或是具有相同历史的行星，还可能存在着跟人类完全相同的人。但是，在这些不同的宇宙里，事物的发展会有不同的结果：在我们的宇宙中已经灭绝的物种在另一个宇宙中可能正在不断进化，生生不息。就像一个电

平行宇宙

子，在我们的宇宙中穿过了左边的狭缝，在另一个平行宇宙中穿过了右边的狭缝一样。

如果你看到这里并且认真思考过了，你可能会问：电子双缝干涉实验中出现的幽灵一样的电子，以及推导出来的平行宇宙，

小贴士

11:55 AM

平行宇宙

平行宇宙是指多元宇宙中所包含的各个宇宙。多元宇宙是理论上的无限个或有限个可能存在的宇宙集合，包括了一切存在和可能存在的事物：所有的空间、时间、物质、能量以及描述它们的物理法则和物理常数。平行宇宙就是从某个宇宙中分离出来，与原宇宙平行存在着的、既相似又不同的其他宇宙。

好像都跟因果律没有多少关系呀？别着急，真正匪夷所思的还在后面，它就是从电子双缝实验衍生出的另一个颠覆人类认知的实验，名字和双缝干涉实验一样拗口（虽然可能现在我们已经习惯了），它的名字叫——延迟选择试验。

1979 年，在普林斯顿举行了一场"纪念爱因斯坦诞辰 100 周年"的活动。会上爱因斯坦曾经的同事惠勒提出了一个思想实验——"延迟选择实验"。前面说过，在双缝干涉试验中，人们一观测，电子就以粒子的形式运动；人们不观测，电子就以波的形式运动。

惠勒问了一个问题，我们也可以先不看书，仔细思考两分钟……

如果我们根据电子的速度，当确定它已经通过双缝之后，迅速地在后面的板上放上摄像机，会出现什么情况呢？

这个问题看似平常，其实远没有这么简单。无数科学家马上开始动手设计实验，当然，实验很难，因为电子太小，运动速度又太快，实际的实验过程要比惠勒所说的复杂得多，但这些实验核心的原理是一样的——延迟选择。

5 年之后，马里兰大学的一个实验团队宣布，他们已经把延迟选择实验成功地做了出来，如果按照惠勒的思想实验来描述它的话，实验的过程和结果是这样的：

在实验者确定电子已经通过遮挡板上的双缝后（此时电子没有被观察），迅速在遮挡板后放上摄像机（这时电子被观察了），最终出现的是两道条纹，表明电子是以粒子的方式通过狭缝的。可是，电子通过双缝的时候，还没有放上摄像机，所有的实验都表明，在没被观察的时候，电子一定是以波的形式同时通过两条缝，形成很多道干涉条纹的。在它已经以波的方式通过双缝后，马上放上摄像机去看，"看"这个行为，就使电子在"过去"的轨迹都改变了，变成以粒子的方式通过双缝了！

把实验反过来做，也是一样的结果：如果一开始就在遮挡板后放上摄像机，等电子通过狭缝后，快速地拿掉摄像机，最终出现的就是多道干涉条纹。说明当时"拿掉摄像机"的这个动作，使得之前电子通过狭缝的方式从粒子变成了波！

这可是一件惊天动地的大事：试验人员证明了，他们现在的一个动作（是否放摄像机），可以决定电子过去的一个动作（以什么方式通过双缝）。

这意味着什么呢？宇宙的历史居然可以在它实际发生之后，才被选择究竟是怎样发生的！在薛定谔折磨猫咪的实验里，如果也能设计某种延迟实验，我们就能在实验结束后再来决定猫是死是活！比如说，原子在 1 点钟要么衰变毒死猫，要么就断开装置使猫存活。但如果有某个延迟装置能够让我们在 2 点钟来"延迟决定"原子衰变与否，我们就可以在 2 点钟这个"未来"去决定猫在 1 点钟的死活！

惠勒

或者这样说更容易理解一点：我们一直认定的一个天然的道理——因果论，其实仅仅只是人类的一种经验，而不是这个世界的本质！实验结束后，传统世界里的因果论已经丧失了存在的根基。

在 20 世纪之前，整个物理学尽在牛顿经典物理学的掌控之下，在牛顿的宇宙里，世界就是一个精密的钟表，钟表上好了发条，以后发生的一切就是确定无疑的。然

而进入 20 世纪后，牛顿力学的神殿就在两大魔法——相对论和量子力学的撞击下轰然倒塌了。

相对论虽然推翻了牛顿的绝对时空观，却仍然保留了严格的因果性和决定论，而量子力学更进一步，把因果关系都抛弃了，宣称人类并不能获得实在世界的确定的结果，只有各种可能性，而世界的本质居然是一个看不见、想不明、原因和结果都可以颠倒的游戏。

可以松一口气的是，实验已经表明，在我们整个世界中，量子力学方程式里用来描述量子大小的一个物理常数——"普朗克常数"是很小的，所以，量子力学目前基本只能在微观世界起作用。当我们观察的物体的大小由微观过渡到宏观时，它所遵循的规律也由量子力学过渡到了牛顿的经典力学。可以认为，经典力学是量子力学在宏观尺度上的一个粗略但是有效的表达。但是，有没有哪一个平行宇宙，或者别的宇宙里，普朗克常数很大，大到人们肉眼能够观察的物体，都具备量子特征呢？就像我们熟悉的那只本来只存在于思想实验里的猫，我们不得而知。

八、宇宙之路

在见识了时空错乱、因果颠倒等各种黑暗魔法之后，我们再来看看整个魔法森林的全貌。究竟是一个什么样的世界，会用貌似正常的运行规律来掩盖它疯狂而混乱的本质呢？

宇宙中的星系都是从哪里来的

其实，我们所处的宇宙本身就是最大的谜。当你思考为什么会有个宇宙，宇宙从哪里来的时候，如果没有一脚踏空的虚无感，那可能你的年龄还不够大，或者年龄已经足够大了。小孩子和科学家都有一个共同点，就是爱问"为什么"。而大多数忙于生计的成年人，已经不会去想"为什么"，他们每天想的是"早上吃什么，中午吃什么，以及晚上吃什么"。是的，我每天也是这样的。但是我认为，在为数不多的比思考"下一顿吃什么"更重要的事情中，一定有一个是"搞清楚我们所在的是一个什么样的世界"。

宇宙从哪里来？

关于宇宙的起源，从古至今，宗教、哲学和科学都给出过许许多多的答案。宇宙是一直存在，还是在某个时刻诞生的？在浩瀚无垠的宇宙中只占据着微不足道的一个小点儿，在漫长的时间中像蜉蝣一样只出现在一瞬间的人类，能够搞清楚宇宙的过去、现在和未来吗？有时候，人类自己都很怀疑。好在，我们掌握了魔法物理学这个理解宇宙的重要工具。现在，我们就可以跨越时空，去探索最初和最后的奥秘了。

无中生有的超级魔术——宇宙的过去

宇宙的前生，目前物理学找到的答案，跟大多数宗教和哲学给出的答案是相似的。那就是：我们现在的宇宙是像变魔术一样，从什么都没有的虚无中，通过一场大爆炸诞生的。

1929 年，美国天文学家埃德温·哈勃发现：不管你往哪个方向看，远处的星系都在急速地远离我们而去。也就是说，宇宙正在不断膨胀。这意味着，以前，所有的星星之间靠得更近。哈勃通过研究星系的红移量与星系距离之间的关系，发现在大约 100 亿至 200 亿年之前的某一时刻，所有的星星刚好在同一地方。这意味着什么呢？哈勃认为，存在一个叫做"大爆炸"的时刻，当时所有的物质都堆在一个点上，整个宇宙无限的小，极度紧密。现在，科学家们通过实验，确定宇宙大爆炸确实发生过，时间在距今 140 亿年前。而大爆炸开始的点，叫做"奇点"。在奇点之前，没有时间也没有空间，所有的物理定律都失效了，所以没有人能够知道那个点和之前是什么。奇点之后，才创造出时间、空间和现在的整个宇宙。

1948 年，美国科学家伽莫夫第一个提出了热大爆炸的观点。他认为，宇宙大爆炸不是像我们常见的那样，发生在

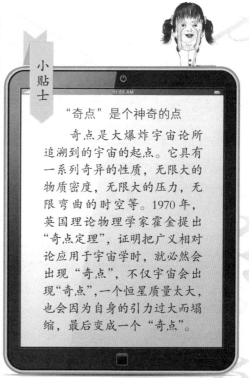

小贴士

"奇点"是个神奇的点

奇点是大爆炸宇宙论所追溯到的宇宙的起点。它具有一系列奇异的性质，无限大的物质密度，无限大的压力，无限弯曲的时空等。1970 年，英国理论物理学家霍金提出"奇点定理"，证明把广义相对论应用于宇宙学时，就必然会出现"奇点"，不仅宇宙会出现"奇点"，一个恒星质量太大，也会因为自身的引力过大而塌缩，最后变成一个"奇点"。

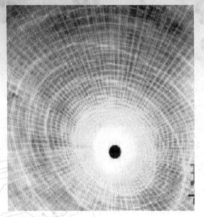

奇点可能长这样

一个确定的点，然后向四周的空气传播开去，而是一种在各处同时发生，从一开始就充满整个空间的那种爆炸，爆炸中每一个粒子都离开其他每一个粒子飞奔。这种爆炸不是炸弹那样"快速填满空间"，而是空间自身的急剧膨胀。就像魔术师本来手上什么都没有，突然就变出了一个气球，然后变成很多很多气球，布满整个舞台……现在的宇宙中，还四处残留着这场爆炸的遗迹——宇宙背景辐射。我们只能依靠这些遗迹，去想象 140 亿年前的壮观景象。

不过，另一些科学家认为，宇宙演化的开端也许并不存在"奇点"。一位名叫温伯格的科学家就认为："宇宙从来就没有真正达到过无限大密度状态。宇宙现在的膨胀可能开始于从前的一次收缩的末尾，当时宇宙的密度达到了一个非常高，但仍然有限的密度。"无论如何，我们现在的宇宙曾经非常小、非常紧密这一点，是科学家们一致认可的。

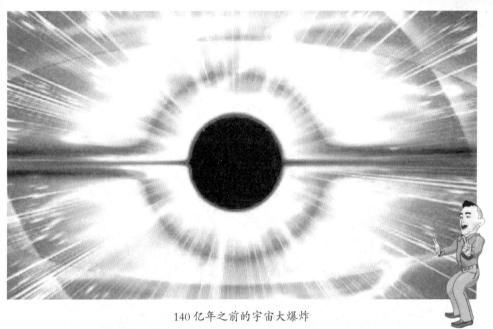

140 亿年之前的宇宙大爆炸

宇宙就像一个大气球

你可能想过宇宙的边界在哪里，宇宙的外面又是什么。假若走到宇宙尽头，纵身一跳，是不是就可以逃离这个宇宙呢？但是，这些问题其实是没有意义的。宇宙并没有尽头，因为宇宙中的物质把宇宙的空间扭曲了，宇宙就像一个大气球，所有的星星、星系及其他物质都在气球的表面上，一个气球的体积是有限的，但在气球的表面，无论向哪个方向走，也永远找不到边界。我们就像被困在气球表面一样，被宇宙困在了扭曲的空间里。

宇宙的外面是什么？

129

酷炫的超级展览馆——宇宙的现在

虽然不知道也找不到宇宙的边界在哪里，但是科学家们确切地知道，从大爆炸开始，宇宙就在不断膨胀。最初的粒子汤在引力的作用下，慢慢聚集在一起，形成星球，星球聚集在一起，就成为了星系。在星系之外，还有星云、暗物质、黑洞……这些是我们在这个宇宙中实实在在的小伙伴。在银河系一只小小旋臂上的我们，把太空望远镜对准天空，就能看到各种各样酷炫的太空景观。

酷炫的太空景观

现在，让我们放松一下，来参观宇宙超级展览馆吧！首先我们来看看地球的小伙伴们——太阳系的行星。

我们已知太阳系的行星，是8个还是9个呢？

从2006年8月24日起，太阳系正式拥有的行星就只有8个了，它们是：水星、金星、地球、火星、木星、土星、天王星和海王星。

水星　金星　地球　火星　　木星　　　土星　　　天王星　海王星

Mercury Venus Earth Mars Jupiter Saturn Uranus Neptune

为什么是从 2006 年 8 月 24 日起呢？因为在那之前，太阳系还拥有 9 大行星，但是在 2006 年 8 月 24 日举行的第 26 界国际天文联会中，第 9 大行星冥王星被大行星界开除了，并被命名为小行星 134340 号。所以，现在太阳系只有 8 颗行星。

8 大行星围绕着旋转的中心，就是我们最熟悉的恒星——太阳。

炽热的太阳

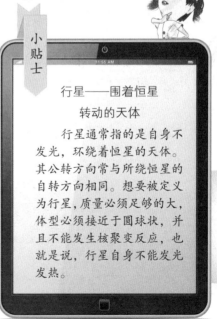

小贴士

行星——围着恒星转动的天体

行星通常指的是自身不发光，环绕着恒星的天体。其公转方向常与所绕恒星的自转方向相同。想要被定义为行星，质量必须足够的大，体型必须接近于圆球状，并且不能发生核聚变反应，也就是说，行星自身不能发光发热。

小贴士

恒星

恒星是由非固态、液态、气态的第四态等离子体组成的，是能自己发光的球状或类球状天体。由于除了太阳以外恒星离我们太远，看起来又太小，不借助于特殊工具和方法，很难发现它们在天上的位置变化，因此古代人认为它们是固定不动的星体，所以叫它们"恒星"。

太阳所在的星系，叫做银河系。夜里，在地球上很多没有灯光污染的地方，比如美国亚利桑那州的蕈状岩附近，都能看到壮观的银河系。

美国亚利桑那州蕈状岩上空的银河

银河系俯视图

我们居住的地球只是太阳系中的一个小小的行星。在银河系这个尺度上衡量，地球小得快要忽略不计。在银河系中，地球差不多是一只白天鹅翅膀上一根细小的绒毛上一点。

太阳、地球在银河系中的位置

小贴士

银河系

银河系是太阳系所在的星系，拥有 1000 亿到 4000 亿颗恒星和大量的星团、星云，还有各种类型的星际气体和星际尘埃。银河系的直径约为 10 万光年，中心厚度大概有 1.2 万光年，可见物质的总质量是太阳质量的大约 1400 万亿倍。

银河系具有巨大的盘面结构，有一个银心和 2 个旋臂。太阳到银河中心的距离大约是 2.6 万光年。

远在 220 万光年之外的仙女星系，已经是离我们银河系最近的星系了。现在，科学家们发现，银河系和仙女系在引力的作用下靠的越来越近，将来的某个时候，它们会跨越 220 万光年的距离，彻底合并为一个星系。

小贴士

仙女星系

仙女座星系，是离我们银河系最近的巨大星系。仙女座星系是一个盘状星系，它显示为仙女座中一片微弱的光（星云），是在地球上肉眼可见的最遥远天体。

离银河系最近的星系——仙女星系

在宇宙超级展览馆的星系分馆中，还有很多宏大的展品，比如草帽星系、漩涡星系等。从地球上用太空望远镜看到的草帽星系，有着明亮而壮阔的侧面。而漩涡星系拥有着数不清的亮蓝色年轻恒星、围绕着明亮核心盘旋的尘埃带，闪耀着神秘的光芒。

草帽星系

在星系之中和星系之间，并不是绝对的真空，那里存在着各种各样的星际物质。星际物质在宇宙空间的分布并不均匀，在引

漩涡星系

力作用下，某些地方的气体和尘埃可能相互吸引而密集起来，形成云雾状，人们把它们叫做"星云"。同恒星相比，星云质量和体积更大、密度更小。一个普通星云的质量至少相当于上千个太阳，半径大约为10光年。

在宇宙超级展览馆的星云分馆中，有着让人眼花缭乱的绚丽画卷。孕育着年轻恒星的蜘蛛星云和船底座星云中，大量的物质在剧烈搅动，恒星们不断地诞生和死亡，剧烈的活动让星云看起来像是浓墨重彩的油画。拥有着大量尘埃和气体的马头状星云就要温和平静许多，就像一幅水墨画。

小贴士

星云

星云是尘埃、氢气、氦气和其他电离的气体等聚集的星际云。在天文学上，星云包含了除行星和彗星外的几乎所有延展型天体。它们的主要成分是氢，其次是氦，还含有一定比例的金属元素、非金属元素，甚至组成生命的物质——有机分子。

蜘蛛星云

马头星云

蛇妖星云　　　　　　　　　　　沙漏星云

此外，还有诡异的蛇妖星云，可爱的沙漏星云……

还有已经被预言了多年的恐怖大魔王——黑洞，传说中会吞噬一切，连光都不能逃离的巨大天体。

小贴士

黑洞

连光也不能逃脱黑洞

吞噬一切的
怪物——黑洞

1916 年，德国天文学家卡尔·史瓦西通过计算得到了爱因斯坦引力场方程的一个真空解，这个解表明，如果将大量物质集中于空间一点，也就是"奇点"上，它的周围会产生一个界面——"视界"。一旦进入这个界面，即使光也无法逃脱，这个界面内就是"黑洞"。黑洞是一种密度十分巨大、体积却十分微小的天体，所有的物理定理遇到黑洞都会失效。

因为连光也逃不出来，我们无法直接看到黑洞，但可以通过引力效应等方式探知黑洞的存在。

科学家们近期的研究成果表明，当黑洞死亡时可能会变成一个"白洞"，它不像黑洞吞噬邻近所有物质，而是喷射之前黑洞捕获的所有物质。科学家还猜测，穿过黑洞可能会到达另一个空间，甚至是时空。当然，如果你想要通过一个黑洞来完成时空穿越的话，谁也不能保证，在到达之前你不会被黑洞煮成一锅粒子汤。

你以为黑洞就是宇宙终极大魔王吗？你错了，黑洞虽然可怕，但是只要远离它的视界，它就拿你没有一点办法。但是，每个人和每个星球、星系甚至黑洞都逃避不了的东西——我们这个宇宙的未来，才是人类最应该担忧的事情。

又黑又冷的未来——宇宙的尽头

还记得之前说过的热力学第二定律吗？在一个孤立系统中，热量总是从高的地方流向低的地方。系统要保持有序的状态（也就是能量有高有低有不同），就需要消耗外来的能量。没有外来能量的话，一个系统的无序程度总是朝着增大的方向发展的。也就是说，保持有序总是比无序困难得多，耗费的能量也多得多。就像打碎一个杯子总是比生产一个杯子容易得多，杯子可能会自动摔坏，但不可能自动恢复原状一样。或者，你的房间总是会随着时间的流逝而变得乱糟糟，而绝不会自动变得干净整洁一样。科学家们用"熵"这个物理量来衡量无序的程度。

宇宙最终会死去吗

　　根据热力学第二定律，作为一个"孤立"的系统，宇宙的熵会随着时间的流逝而增加，由有序向无序，当宇宙的熵达到最大值时，宇宙中的其他有效能量已经全部转化为热能，所有物质温度达到热平衡。这种状态就是宇宙的最终结局——"热寂"。这样的宇宙中再也没有任何可以维持运动或是生命的能量存在。

　　我们已经从数学上证明了宇宙中的熵是永恒增加的，也就是说，宇宙作为一个系统，它的有序程度永远在减少，而混乱程度永远在增加，这意味着宇宙的温度会持续降低，运动会持续减少，密度会无限降低，宇宙中的一切最后都将走向彻底的毁灭与混乱。可以想象，亿万年之后，宇宙将会成为一个冰冷、黑暗、几乎绝对静止的死亡空间。

　　热寂，是关于宇宙结局的一种猜想。也有一些科学家认为，宇宙可能不会一直膨胀下去，到了某个时刻，宇宙会开始收缩，回到原点，再次爆炸，就像按下了重启键一样。不过，也许人类并不需要为宇宙的命运担心，因为和茫茫宇宙相比，人类实在是太渺小，太微不足道了。或许，到了决定宇宙结局的时刻，人类早已不复存在，或者已经进化为完全不同的物种，再或者，那时的宇宙已经拥有了无数个生机勃勃的高等文明，他们会怎么想、怎么做，不是现在还被禁锢在太阳系之内，脚步都还没有踏上隔壁火星的生物所能揣测的。不过，这些微小的生物，已经向着太空勇敢地迈出了他们的步伐——早在1977年，美国宇航局就发射了旅行者1号和2号探测器，携带着人类的信息，飞向太阳系之外。直到2040年，它们都能和地球保持通信。之后，就会在惯性的作用下飞向更深的太空，不再回头……它们会发现什么，又会被什么发现？也许我们等不到期待的答案，也许答案还会带给我们不少的麻烦。但是，人类是如此好奇的生物，既然有了翅膀，就不会停止飞翔。

旅行者1号